生態学フィールド調査法シリーズ

1

占部城太郎
日浦　勉　編
辻　和希

森林集水域の
物質循環調査法

柴田英昭　著

共立出版

本シリーズの刊行にあたって

　錯綜する自然現象を紐解き，もの言わぬ生物の声に耳を傾けるためには，そこに棲む生物から可能な限り多くの，そして正確な情報を抽出する必要がある．21世紀に入り，化学分析，遺伝情報，統計解析など，生態学が利用できる質の高いツールが加速度的に増加した．このようなツールの進展にともなって，野外調査方法も発展し，今まで入手できなかった情報や，精度の高いデータが取得できるようになりつつある．しかし，特別な知識や技術をもちあわせたごく限られた研究者が見る世界はほんの断片的なものであり，その向こうにはまだまだ未知な領域が広がっている．さまざまな生物と共有している私たちが住む世界，その知識と理解を一層押し広げていくためには，だれでも適切なフィールド調査が行えることが望ましい．

　本シリーズはこのような要請に応えて，野外科学，特に生態学が対象とする個体から生態系に至る多様な現象を深く捉え，正しく理解していくための最新のフィールド調査方法やそのための分析・解析手法を，一般に広く敷衍することを目的に企画された．

　最新で質の高いデータを得るための調査手法は，世界の研究フロントで活躍している研究者が行っている．そこで執筆は，実際に最新の手法で野外調査を行い，国際的にも活躍しているエキスパートにお願いした．

　地球環境変化や地域における自然の保全など，生態学への期待は年々大きくなっている．今や，フィールド調査は限られた研究者だけが行うのではなく，社会で広く実施されるようになった．このため本書は，これから研究を始める学生や研究者だけでなく，コンサルタント業務や行政でフィールド調査に携わる技術者，中学校・高等学校で生態学を通じた環境教育を実践しようとする教員をも対象に，それぞれの立場で最新の科学的知見に基づいたフィールド調査に取り組めるような内容を目指している．

　フィールド調査は生態学の根幹であるが，同時に私たち人類にとっても重要

である．40年前に共立出版株式会社で企画・出版された『生態学研究法講座』にある序文の一節は，むしろ現在の要請としてふさわしい．「いまや人類の生存にも深くかかわる基礎科学となった生態学は，より深い解析の経験的・技術的方法論と，より高い総合の哲学的方法論を織りあわせつつ飛躍的に前進すべき時期に迫られている」

編集委員会
占部城太郎・日浦　勉・辻　和希

まえがき

　森林集水域の物質循環調査は，いろいろな自然環境条件下にある森林生態系の成り立ちやその機能を科学的に明らかにするため，あるいは地球温暖化，大気汚染，土地利用変化といった，さまざまな人間活動の影響に対する森林生態系の応答や変化を解明するために行われている。

　筆者は，森林集水域の生態系での窒素や炭素，その他の成分における物質循環プロセスに関する研究を続けている。土壌，水，植物などをめぐる物質の動きや変化を調べ，そのパターンやメカニズムを理解することで，変動環境下における森林生態系の機能を解明したいと考えている。

　生態系における物質循環を取り扱う研究分野は，主として「生物地球化学」と呼ばれている。生態学の分野では，「生態系生態学」の中で物質循環が取り扱われている。そのほかにも物質循環が関係する学問分野は幅広く，生態学，土壌学，陸水学，森林科学，水文学，大気化学，地球化学，環境科学などの諸分野と関連している。

　筆者はこれまで，生物地球化学あるいは生態系生態学の視点から，酸性雨に対する森林生態系の中和機能，森林集水域の炭素固定機能，森林伐採後の河川水質変化，冬季気候変化が土壌窒素動態に及ぼす影響などの研究テーマに取り組んできた。もともと出身が土壌学であることから，おもに土壌を中心として集水域の物質循環研究を行ってきた。それらの経験をもとに，本書では森林集水域の物質循環調査法について述べる。集水域（Catchment）は陸に降った雨が地形に応じて集まる地域を指しており，多くの場合はその谷部や末端で河川が形成される。したがって，大気から陸に供給された物質が生態系を通過して河川へ至るまでの変化パターン，メカニズム，それに対する生態系の役割，機能を調べる際には，集水域という単位で物質循環プロセスを調査することが有効である。

　これまで自分自身の研究を進める上で，あるいは指導する院生や学生が論文

研究を進める上で，森林生態系の生物地球化学にかかわるフィールド調査，サンプル採取の方法が書かれているテキストを必要とすることがたびたびあったものの，1 冊として網羅的にまとまった書物を探し出すことは容易ではなかった。生態系の物質循環はさまざまな分野に関連しており，その調査方法を学ぶためには多数の教科書や論文を参考にしなくてはならない。また，多くの優れた方法書や論文は英語で書かれており，これから研究を始めようとする学部生などにはやや敷居が高いということも見受けられた。

そこで本書では，「生態学フィールド調査法シリーズ」として森林集水域の物質循環調査法について，これから物質循環の研究を始めようとしている大学生，研究者だけでなく，関連・周辺分野，専門分野の異なる生態学研究者，高校教員や NGO などの指導者，コンサルタント業務等で調査にかかわる技術者等を読者層として，初学者のためにできるだけ平易な解説をするように心がけた。また，各調査項目について実際にどのような値が観測されるのかを想像できるよう，可能な限り具体的な数値を図表に示した。特に，筆者がこれまで共同研究者や大学院生と一緒に調査してきた北海道大学研究林でのデータを，国内外での研究事例とあわせて多く引用，紹介するようにした。

本書は次のような構成となっている。第 1 章では，森林集水域の物質循環を調べる意義について概説する。第 2 章では，大気から集水域への物質インプットである大気沈着について述べる。第 3 章では，森林内での土壌への溶存成分のインプットである林内雨と樹幹流を取り扱う。第 4 章では樹木から土壌への物質還元フローとして，リターフォールとその分解過程の調査方法を述べる。第 5 章では土壌における物質の変化や貯留，溶脱を調べるためのさまざまな調査方法を紹介する。第 6 章では樹木の養分吸収量の調査方法を述べる。第 7 章では森林集水域からの物質アウトプットであり，集水域内の物質循環過程の結果を反映したものとして，河川水質の調査方法について述べる。第 8 章では第 2〜7 章で取り扱ったおもな物質循環項目について，現地で得られたサンプルの主要な化学分析の方法を述べ，第 9 章においてはデータ整理や解析の方法を解説する。

森林集水域や森林生態系の物質循環に関する理論的背景や事例研究については優れた本がすでに出版されているので，より詳しい学習をする際には，

Schlesinger（1997），Chapin *et al.*（2002），Likens and Bormann（1995），武田・占部（2006），南川・吉岡（2006），森林立地調査法編集委員会（1999），森林立地学会（2012），岩坪（1996）などを参照されたい．また，本書で紹介したフィールド調査，試料採取法，調査器具類の一部についてはその説明が映像資料としてインターネット上に公開されている（http://forestcsv.ees.hokudai.ac.jp/wst/，2014年10月9日確認）．

謝　辞

　本書を取りまとめる機会を与えて下さった「生態学フィールド調査法シリーズ」編集委員会の占部城太郎氏，日浦勉氏，辻和希氏に御礼申し上げる．また，編集，出版にあたっては共立出版株式会社の山内千尋氏，信沢孝一氏にお世話になったことに謝意を表する．本書で紹介した観測データの多くは自分自身で調べたデータのほかに，共同研究者や指導してきた大学院生や博士研究員らによるものである．ここにすべての名前を挙げることはできないが，これまで一緒に研究してきたすべての方々へ心より謝意を表する．北海道大学研究林（北海道大学北方生物圏フィールド科学センター森林圏ステーション）の教員ならびに技術スタッフには，フィールド管理，現地観測，サンプル採取，化学分析等で多大な協力をいただいたことに御礼申し上げる．最後に，筆者に研究の面白さと奥深さを指導してくださり，土壌学の立場から物質循環研究の基盤となる知識や技術を伝えてくださった恩師の佐久間敏雄名誉教授（北海道大学）に心より御礼申し上げる．

2015年2月　　　　　　　　　　　　　　　　　　　　　　　　　　柴田英昭

目　次

第1章　なぜ，森林集水域の物質循環を調べるのか？　1
- 1.1　はじめに　1
- 1.2　集水域生態系における物質循環の構成要素　3
- 1.3　研究事例　4
- 1.4　調査デザイン　5

第2章　大気沈着　6
- 2.1　はじめに　6
- 2.2　バルク沈着　7
- 2.3　湿性沈着　9
- 2.4　乾性沈着　10
- 2.5　研究事例　11

第3章　林内雨・樹幹流　15
- 3.1　はじめに　15
- 3.2　林内雨（雪）　15
- 3.3　樹幹流　17
- 3.4　研究事例　18

第4章　リターフォール・リター分解　21
- 4.1　はじめに　21
- 4.2　リターフォール　22
- 4.3　リター分解　24
- 4.4　粗大有機物リターの存在量と分解　26
- 4.5　研究事例　26

第5章 土　壌　　30

5.1 はじめに ……………………………………………………… 30
5.2 土壌の直接採取 ……………………………………………… 31
5.3 土壌水・土壌溶液 …………………………………………… 37
5.4 土壌呼吸・ガス代謝 ………………………………………… 43
5.5 窒素無機化・硝化 …………………………………………… 44
5.6 研究事例 ……………………………………………………… 48

第6章 植生の養分吸収　　53

6.1 はじめに ……………………………………………………… 53
6.2 植物の養分吸収量 …………………………………………… 53
6.3 植生の成長量と枯死量 ……………………………………… 55
6.4 研究事例 ……………………………………………………… 60

第7章 森林河川水質　　64

7.1 はじめに ……………………………………………………… 64
7.2 河川水の採取 ………………………………………………… 65
7.3 濾　過 ………………………………………………………… 66
7.4 試料の保管 …………………………………………………… 67
7.5 流量の観測 …………………………………………………… 68
7.6 河畔帯，ハイポリック・ゾーンでの観測 ………………… 69
7.7 研究事例 ……………………………………………………… 71

第8章 化学分析の方法　　74

8.1 はじめに ……………………………………………………… 74
8.2 pH・電気伝導度 ……………………………………………… 74
8.3 陽イオン・陰イオン ………………………………………… 75
8.4 溶存窒素・リン ……………………………………………… 77
8.5 溶存金属成分 ………………………………………………… 79
8.6 溶存有機炭素 ………………………………………………… 79

8.7　全炭素・全窒素……………………………………………… 80

第9章　データ整理・解析　　82

9.1　はじめに……………………………………………………… 82
9.2　単　位………………………………………………………… 82
9.3　コンパートメントモデル，物質収支，回転速度…………… 84
9.4　データベース………………………………………………… 87
9.5　統　計………………………………………………………… 89
9.6　生態系プロセスモデル……………………………………… 89
9.7　操作実験……………………………………………………… 91

あとがき　　93

引用文献　　95

索　引　　101

第1章 なぜ，森林集水域の物質循環を調べるのか？

1.1 はじめに

　生態系は生物と非生物の相互作用系であり，生態系の物質循環は，炭素や窒素，ミネラル成分などが植物，土壌，微生物による作用を受けながら循環することを指している。生態系にはいろいろな対象や空間スケールがあり，森林生態系，湖沼生態系と区分する場合や，土壌生態系，地域生態系，地球生態系など異なる空間スケールを包含する場合もある。本書は，森林集水域の物質循環調査法を取り扱う。集水域というのは，陸上に降った雨が川や湖に流れ込むことを考えた際に，その水が集まってくる地域を指している（写真1.1，1.2）。実際には地形によってその境界を判別することが多く，尾根の中央部を境界に集水域を特定している。森林集水域のことを森林流域と呼ぶこともある。

　森林集水域の末端からは河川水が流れていることが多い。その河川水の水量

写真1.1　北海道北部に位置する北海道大学雨龍研究林内の泥川集水域の遠景
　　　　集水域の平坦な谷部にはアカエゾマツ湿地林が広がっている（2006年10月6日撮影）。

写真1.2　冬の森林源流域（北海道大学中川研究林ドウラン川集水域）

や化学成分濃度は，集水域生態系全体の物質循環を平均的に表している。したがって，河川水の流量や水質変化を調べることで，森林集水域全体の水循環や物質循環を評価する研究が広く行われている（Likens and Bormann, 1995；柴田ら，2010；Shibata *et al*., 2014 ほか）。また集水域生態系では，植生，土壌，微生物などの各要素が相互に関係しながら，その物質循環や河川水質を形成している。したがって，森林集水域の物質収支，内部循環のパターンや変化を調べることでそのメカニズムや変動要因を理解することができる。

　森林集水域の物質循環過程は，森林生態系の有する環境保全機能に深くかかわっている。森林水源域では水質形成機能や汚染物質除去能などが存在することが知られており，人類が生態系の環境調節機能に寄せる期待は大きい。最近では，生態系の環境保全機能を生態系サービスとして評価し，その経済価値も含めて認識することで，将来にわたっての持続的な生態系保全を目指す動きが進められている（Millennium Ecosystem Assessment 2005）。生態系サービスの中でも水質や気候による調節サービス，木材や繊維などの供給サービスをはじめとして，多くの生態系サービスを形成する上で，森林集水域の物質循環が果たす役割はとても大きい。

　気象変動や台風などの自然攪乱や，大気汚染，森林伐採，土地利用変化などの人為攪乱に対して，森林生態系の有する環境調節機能や生態系サービスがどのように変容するのかを理解し，予測するためにも，森林集水域の物質循環研究は非常に有用である。

1.2 集水域生態系における物質循環の構成要素

図 1.1 に森林集水域における物質循環のおもな構成要素を示した。降雨（雪）やエアロゾル，ガスとしての大気沈着（第 2 章）は，植物による光合成とならんで集水域生態系の物質入力として位置づけられる。生態系の内部循環としては林内雨・樹幹流（第 3 章），リターフォール・リター分解（第 4 章），養分吸収（第 6 章）などが含まれる。土壌（第 5 章）の材料である母材に含まれる鉱物の化学的風化は森林集水域の物質循環への物質供給源として重要である。土壌から流れた成分（第 5 章）は地下水や河川水（第 7 章）へと移動し，森林集水域から水域への物質出力となる。また，土壌呼吸や脱窒などの微生物代謝によるガス放出（第 5 章）は，森林集水域から大気への物質出力として位置づけられる。

森林集水域の物質循環研究では，これらの各要素に関する各種サンプルをフィールドで採取し（第 1～7 章），さまざまな方法でその化学組成を分析し（第 8 章），総合的に解析（第 9 章）することが必要である。

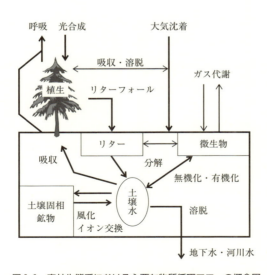

図 1.1　森林生態系における主要な物質循環フローの概念図

1.3 研究事例

　米国北東部に位置するハッバード・ブルック（Hubbard Brook）実験流域は，森林集水域における物質循環研究のパイオニアサイトとして，また，米国LTER（Long-Term Ecological Research：長期生態学研究，http://www.lternet.edu/，2014年10月3日確認）の代表的なサイトとして有名である（Bormann and Likens, 1979; Likens and Bormann, 1995）。ハッバード・ブルックでの研究では，森林集水域への物質入力である降水の化学成分と，集水域から流れる渓流水の化学成分の濃度と量を長期的に計測し，集水域の森林生態系全体が窒素を養分として保持する機能がある（入力＞出力）ことなどを明らかにしている（Likens and Bormann, 1995）。長期にわたる降水と河川水のモニタリング結果は，人間活動の影響による酸性雨が森林土壌の酸性化を引き起こし，それによって土壌から河川へのカルシウム溶脱が進行したことを示している（Likens and Bormann, 1995; Johnson et al., 2014）。また，ハッバード・ブルック流域におけるある森林集水域の樹木をすべて伐採（皆伐）した実験では，皆伐後に樹木の養分吸収が停止することにより河川水の硝酸イオン濃度が著しく高まったことを明らかにし，集水域規模での森林伐採が河川水質を悪化させるおそれがあることを示した（Bormann and Likens, 1979）。Aber et al. (2003)は，米国北東部の森林河川水や湖沼水の硝酸態窒素を広範に調べ，大気汚染を原因とする大気窒素沈着増加によって生態系内部の窒素循環が変化し，その結果として河川水や湖沼水の硝酸態窒素濃度が上昇し，水域への窒素溶脱が増加していることを示している。

　北海道大学雨龍研究林の研究では，流域から流れてくる河川水の硝酸態窒素濃度と有機態窒素濃度の空間分布が，流域の傾斜や地形指数（Topographic Index）と密接な関係があることを明らかにしている（Ogawa et al., 2006）。その研究では，傾斜が緩やかで集水面積が大きい（地形指数が小さい）流域ほど，河畔部の湿潤で有機物に富む土壌における窒素除去や溶存有機物溶出の影響を強く受けて，河川水質が形成される傾向が認められた。

　源流の森林域よりさらに広い集水域の場合には，農地や都市など異なる土地利用が含まれるため，集水域生態系の物質循環パターンは大きく異なる

(Boyer and Howarth, 2002)。農地に供給される肥料の一部は作物に吸収されずに地下水や河川水に溶脱し，窒素やリンの濃度を上昇させ，水域や沿岸域の富栄養化の原因となることがある。農地ばかりではなく，都市の下水から排出される窒素やリンも下水処理場で完全に除去することは困難であるため，一部は河川や沿岸の水質変化をもたらすことが知られている。北海道北部の天塩川集水域での研究事例では，上流の森林集水域から流れてくる河川水の硝酸態窒素が，中下流部の農村地域を流下する過程で上昇する傾向が示された（Ileva et al., 2009）。陸域の集水域生態系からの供給される水質成分は，湖沼や沿岸域の生物生産性や環境形成のみならず，サケの母川回帰のシグナル成分として（Yamamoto et al., 2013），あるいは外洋域生態系への鉄などの微量必須成分などとして重要な役割を果たすことも報告されている（白岩，2011）。

1.4 調査デザイン

　森林集水域における物質循環の調査や観測は，対象とする項目が多く，時間もかかることが多いため，その目的に応じしっかりした調査デザインを設計することが大事である。集水域内での物質循環過程は時間的・空間的な変動が非常に大きいことを念頭に，サンプリングの時間・空間スケールを設定しなくてはならない。独創的な研究を行うためには，精度の高いサンプリングデザインを設計するだけではなく，その前に研究上の疑問・課題（Research question）と，その作業仮説（Working hypothesis）を明確にしなければならない。その疑問や仮説を検証するためには，どのような調査が必要なのかを見極める能力が欠かせない。また，疑問や仮説に応じて繰り返しの調査が必要な場合，多地点での比較が必要な場合，特定の野外操作（実験処理）が必要な場合，観測とシミュレーションモデルの組み合わせが必要な場合など，さまざまなアプローチの中から適切なものを選択しなくてはならない。また，本書の後半で触れるように，調査観測データを客観的に評価し，作業仮説を検証するためには，統計的手法を用いた解析も必要となる。

第2章 大気沈着

2.1 はじめに

　大気から雨や雪，ガスやエアロゾルとして降下する物質は，森林集水域の物質入力として重要である（図1.1参照）。これらの物質を大気沈着（Atmospheric deposition；大気降下物とも）と呼ぶ。大気沈着はおもに湿性沈着（雨，雪など）と乾性沈着（Dry deposition；ガス，エアロゾルなど）に分けられ，霧・ミストなどの成分を，オカルト沈着（Occult deposition）あるいは雲水沈着（Could water deposition）として，湿性・乾性沈着と区別することもある（Erisman *et al.*, 1994）。

　大気沈着に含まれる化学成分は，自然起源のものとして海塩，火山，土壌粒子などが含まれる。一方，人為起源としては化石燃料の燃焼にともなって排出される硫黄酸化物，窒素酸化物，鉛，水銀などのほか，化学肥料や堆厩肥に由来するアンモニア態窒素や，硝酸態窒素などが含まれる。窒素は多くの森林生態系の制限栄養因子として知られており，大気沈着による窒素養分の供給は森林集水域の一次生産を支えている。一方で，大気汚染によって過剰の窒素が森林集水域に供給されると，森林生態系内の養分バランスが崩れ，土壌の酸性化を引き起こしたり，植生や微生物に吸収されなかった窒素が地下水や河川水に流出し，水域の富栄養化，水質劣化などの問題が生じるおそれがある。したがって大気沈着の調査は，森林集水域の物質循環，物質収支研究のほか，大気汚染や酸性雨が生態系に及ぼす影響に関する研究等でも行われている（Lindberg *et al.*, 1990；酸性雨調査法研究会, 1993；佐竹, 2001）。

2.2 バルク沈着

　森林植生が覆っていない上空が開放した場所（開放露場）において，ロートなどを用いて採集する大気沈着のことをバルク沈着（Bulk deposition）と呼び，大気沈着の調査項目として広く調べられている。後述する林内雨（雪）との比較において，林外で観測されるバルク沈着のことを林外雨（雪）と呼ぶこともある。バルク沈着は湿性沈着と乾性沈着を両方含んでおり，乾性沈着は沈着面の種類や状態によって沈着速度が違うことが知られている。したがって，ある人工的な素材（プラスチックなど）で作られた採集装置で観測したバルク沈着が，複雑な表面構造をもつ森林集水域の物質入力としてどの程度正確であるのかは議論があるところである。しかしながら，比較的簡便に安定して観測を継続することができるために，バルク沈着の観測は古くから多くの研究で用いられている（Likens and Bormann, 1995 ほか）。

　一般的には直径 30 cm 程度のポリエチレンのロートを用い，ビニルチューブなどで採集容器（ポリエチレン容器など）に降水試料を集めるものが多い（写真 2.1）。サンプルの回収時に水量を測定し，それをコレクターの表面積（たと

写真 2.1　バルク沈着サンプラー
　　　直径 30 cm のポリロートを使用している（北海道大学雨龍研究林庁舎前）。

えば,直径 30 cm のロートの場合は $15 \times 15 \times 3.14 = 706.5$ cm^2 となる)で除することで,採集期間中の面積当たりの降水量(mm)を求めることができる。

バルク沈着のサンプル中に含まれる成分濃度(たとえば mg L^{-1})に降水量を乗じ,その成分の採集期間における大気沈着フラックスを求めることができる(式 2.1)。降雪が多い地域では,上部が開放している円筒型の容器を用いて降雪を集め,回収時にその重量測定により水量を求めて,降雪サンプルは実験室あるいは冷蔵庫内で溶かしてから降雨と同様に化学分析をすることが多い。バルク沈着フラックス(BD:mg m^{-2} day^{-1})は次式で求められる。

$$BD = (C \times P)/(A \times D) \qquad (2.1)$$

C:成分濃度(mg L^{-1}),P:水量(L),A:採取面積(m^2),D:採集期間(day)

なお,成分によっては採集容器内で変質してしまうものもあり,そのような場合には採集間隔を短くしなければならない。窒素やリンなどの生元素は微生物による変質の影響が大きいため,特に注意が必要である。研究によっては採集容器に薬品を加えて,生物活性を抑えることで成分変化を防ぐこともある。その場合は,その薬品がのちの化学分析に影響しないことを事前に確認する必要がある。大気沈着サンプルの採集間隔は 1 降雨ごとの場合もあれば,1 降雨内のさらに細かい時間変化を調べることもある。長期観測では目的に応じて 1 週間程度の間隔であることが多い。

写真 2.2　バルク沈着サンプラー
　　鳥などの影響を避けるために上部にワイヤーを設置している(ドイツ・バーバリアン生態系観測ステーション・Altdorf サイト)。

観測中は，採集容器（ロート，チューブ，貯水容器など）を清浄な状態に保つことが大切で，定期的に純水などで事前に洗浄した容器に交換するなどの配慮が必要である。また，山岳地域では野鳥などがロート内に糞をするなどの汚染に気をつけなくてはならない（写真 2.2）。高温期には，採取容器内で蒸発による濃縮，成分変化が生じないように注意する。

2.3 湿性沈着

湿性沈着（雨・雪）を正確に分別採取するためには，降雨（雪）が生じている期間のみサンプラー上部のフタが開く機能を有する自動採取装置を用いることが多い（写真 2.3）。装置には感雨（雪）センサーがついており，降雨（雪）が始まるとサンプラーのフタが開き，降り終わるとフタが閉じるような機能を有している。また，降雪による湿性沈着の採集を行うためには，雪を融かすためのヒーターが取りつけられた採取装置を使用する。

上述の大気沈着と同様に，採集容器，チューブ類を清浄な状態で保つことや，容器内での成分変化が最小限となることなどに配慮しなくてはならない。

写真 2.3　湿性沈着サンプラー
　　　　降水（雨・雪）が生じると左側にあるフタが自動的に空いて降水サンプルを収集することができる（北海道大学雨龍研究林庁舎前）。この装置は低温時にはヒーターが作動し，降雪も採取することができる。

2.4 乾性沈着

　乾性沈着は，ガスやエアロゾルの状態で植生面や陸面・水面に沈着する成分である。濡れた面は乾いた面に比べて沈着速度が高い。また，表面の物理構造（凸凹や粗度など）も沈着速度に影響するため，植生タイプや土地利用によって異なることが知られている。したがって，大気に含まれる乾性沈着の成分であるガスやエアロゾルの濃度（たとえば $mg\ m^{-3}$）を測定し，それに沈着面の性質を考慮に入れた沈着速度（たとえば $cm\ s^{-1}$）を乗じて乾性沈着フラックスを推定することができる。しかしながら，同じ沈着面であっても，その沈着速度は表面の物理性（凸凹，葉の形状，濡れなど）や生物要因（葉面吸収など）によって時間変化することも知られているため，正確な沈着速度の推定は容易ではなく，既存の文献値等を利用することも多い（酸性雨広域大気汚染調査研究部会，2014 ほか）。より正確な測定をするためには，空気力学的方法や濃度勾配法などを用いることもある（Davidson and Wu, 1990）。

　大気中のエアロゾルやガス濃度は，電動ポンプを用いて一定量の空気を吸引し，試薬等を染み込ませたフィルターによって各種成分を吸着する方法で調べることができる（フィルターパック法，写真 2.4）。一定時間ごとに回収したフィルターに吸着された物質を，専用の抽出液を用いて抽出・定量し，その物質

写真 2.4　大気中のエアロゾル，ガス濃度を測定するためのフィルターパック
　　　　ドーム内に複数のフィルターが装着されているカートリッジがあり，電動ポンプで一定量の大気を吸引している（北海道大学雨龍研究林庁舎前）。

量(mg)を吸引空気量(m^{-3})で除することで大気中の物質濃度($mg\,m^{-3}$)を求められる。この方法で，各種エアロゾル，硫黄酸化物，窒素酸化物，アンモニアガスなどが測定できる(酸性雨広域大気汚染調査研究部会，2014)。

また，森林への乾性沈着フラックスは，林冠(森林の葉・枝が生い茂っている部分)下で観測される降水成分と，森林外で観測される湿性沈着成分を比較し，その物質収支から推定することができる(式2.2)。森林内での降水は，後述するように林内雨と樹幹流として供給される(これらの調査方法は次章を参照)。林冠部に沈着した乾性沈着成分が降水によって洗脱され，林内雨や樹幹流の成分フラックスが増加することに基づいている。乾性沈着フラックス($DD:g\,m^{-2}\,year^{-1}$など)は次式で求められる。

$$DD=(TF+SF+UP)-(WD+LC) \qquad (2.2)$$

　　TF：林内雨フラックス，SF：樹幹流フラックス，UP：林冠での吸収フラックス，
　　WD：湿性沈着フラックス，LC：林冠からの溶脱フラックス
　　※フラックスの単位はすべて統一する

なお，林冠部で樹木や着生生物に吸収・吸着される成分(UP)を直接評価することは難しく，実際にはその分だけ乾性沈着フラックス(DD)を過小評価することになる。一方で，降水が林冠部を通過する時に葉や枝の内部から溶脱する成分(LC)がある場合には，その溶脱量をきちんと評価しないとその分だけ乾性沈着フラックス(DD)を過大評価することになる。しかし，林冠の溶脱成分(LC)のフラックスを推定することは難しいため，乾性沈着に対する溶脱成分の寄与が相対的に小さい成分(海塩由来が主体であるナトリウムなど)を仮定し，湿性沈着(あるいはバルク沈着)における成分比などを用いて推定することもある(Shibata and Sakuma, 1996)。林冠物質収支法による乾性沈着推定には問題点が含まれているものの，比較的簡便に適用できるため，林冠物質収支法は森林集水域への乾性沈着推定のために広く用いられている。

2.5　研究事例

日本における大気沈着成分の濃度やフラックスは，国立環境研究所の全国酸性雨データベースとしてインターネット上に公開されている(酸性雨広域大気

汚染調査研究部会，2014)。その結果によると，国内60ヶ所以上の観測点で観測された降水のpHは平均で4.6程度であり（2003～2007年度），大気汚染や自然起源の酸物質（火山起源の二酸化硫黄など）によってやや酸性化している傾向が認められている。このデータベースは地方自治体の環境研究所から構成される全国環境研協議会が進めているもので，1990年代初頭より観測が継続されている。また，東アジアにおける政府間の協力で進められている東アジア酸性雨モニタリングネットワーク（EANET）では，日本を含む13ヶ国において，50ヶ所以上の地点で1990年代後半から大気沈着のモニタリングが継続されている（日本環境衛生センター・アジア大気汚染研究センター，http://www.eanet.asia/jpn/，2014年9月9日確認）。

米国では1977年よりNational Atmospheric Deposition Program（NADP）による大気沈着の観測網が整備されている（http://nadp.sws.uiuc.edu/NADP/，2014年9月9日確認）。欧州では，European Monitoring and Evaluation Programme（EMEP）として大気汚染，大気沈着に関する網羅的な観測を長期的に実施している。EMEPを含む他機関と共同して運営しているデータベースには，日本を含め世界各地の大気汚染や大気沈着のデータが収録されている（http://ebas.nilu.no/，2014年9月9日確認）。

表2.1に，北海道北部に位置する北海道大学雨龍研究林の庁舎前で観測された湿性沈着のデータ例を示す。この地域は都市部から比較的離れており，周囲の土地利用は森林と酪農草地である。2009年度における年間の平均pHは約4.9とやや酸性であり，窒素（硝酸イオンとアンモニウムイオンの合計），硫黄の年間沈着量はそれぞれ$0.71\ \mathrm{gN\ m^{-2}\ y^{-1}}$，$0.78\ \mathrm{gS\ m^{-2}\ y^{-1}}$であった（ヘクタール当たりではそれぞれ$7.1\ \mathrm{kgN\ ha^{-1}\ y^{-1}}$，$7.8\ \mathrm{kgS\ ha^{-1}\ y^{-1}}$）。表2.2には全国72地点で観測された湿性沈着の平均値を示す（2009年度）。観測場所による値の違いは大きく，年間値としての最大値と最小値には大きな差があることがわかる。また，表2.1で紹介した雨龍研究林での観測値が，全国72地点の中央値や平均値とほぼ同様な値であることもうかがえる。なおこれらのデータは，他年度も含めて全国環境研協議会酸性雨広域大気汚染調査研究部会（2011）による酸性雨データベース（http://db.cger.nies.go.jp/dataset/acidrain/ja/05/，2014年9月9日確認）からダウンロードすることができる。

2.5 研究事例   13

表 2.1 北海道北部の雨龍研究林における年降水量，湿性沈着のpHと各イオン濃度（水量による加重平均値）および年間沈着量（2009年度）
（ ）内の数値は月平均濃度の最小値と最大値を示す．全国環境研協議会酸性雨調査研究部会 (2011) による加重平均データベース (http://db.cger.nies.go.jp/dataset/acidrain/ja/05/, 2014年9月9日確認) における「母子里」のデータを使用した．

降水量 (mm y^{-1})	pH	EC (mS m^{-1})	SO$_4$–S	NO$_3$–N	Cl	NH$_4$–N	Na	K	Ca	Mg
					平均濃度 (μ mol L^{-1})					
1454.9	4.87	2.27	16.7	16.2	83.3	18.5	78.4	4.4	5.8	9.4
	(4.42–6.20)	(0.59–5.00)	(5.9–33.3)	(6.6–47.1)	(2.5–253.2)	(11.2–44.6)	(7.0–234.6)	(0.4–6.9)	(0.1–23.5)	(0.0–31.8)
	H		SO$_4$–S	NO$_3$–N	Cl	NH$_4$–N	Na	K	Ca	Mg
					年間沈着量 (g m^{-2} y^{-1})					
	0.00709		0.779	0.330	4.296	0.377	2.622	0.250	0.338	0.332

表 2.2 全国72地点における湿性沈着の降水量，pHおよび各イオン濃度 (2009年度)
各地点における水量による年間の加重平均値を用いて，その中央値，平均値，最小値，最大値，標準偏差を算出した．全国環境研協議会酸性雨広域大気汚染調査研究部会 (2011) による酸性雨データベース (http://db.cger.nies.go.jp/dataset/acidrain/ja/05/, 2014年9月9日確認) のデータを使用した．

	降水量 (mm year^{-1})	pH	EC (mS m^{-1})	SO$_4$	NO$_3$	Cl	NH$_4$	Na	K	Ca	Mg
							(μ mol L^{-1})				
中央値	1694.5	4.76	1.8	16.6	15.6	39.6	17.4	30.2	2.1	5.8	4.9
平均値	1707.6	4.79	2.2	18.0	16.4	69.5	19.2	58.0	2.5	6.1	7.3
最小値	787.4	4.48	1.0	9.3	6.5	8.7	6.8	5.6	0.5	1.5	1.0
最大値	2933.0	5.68	5.4	38.6	45.9	296.2	65.2	268.7	8.1	15.0	29.5
標準偏差	493.6	0.20	1.0	6.7	6.6	66.8	9.6	61.0	1.7	2.7	6.5

Fang et al. (2011) は中国 31 ヶ所における降水による窒素沈着量について諸外国や日本とのデータを比較し，中国での平均 16.6 kgN ha^{-1} y^{-1} (1980～2009 年) の沈着量がヨーロッパ (11.2 kgN ha^{-1} y^{-1}) や日本 (6.1 kgN ha^{-1} y^{-1}, 2008 年) と比較して大きな値であることを報告している。その理由はおもに，中国国内の都市部から発生した窒素酸化物の影響によるものと指摘されている (Fang et al., 2011)。世界レベルでは，これまでおもにヨーロッパや北米で観測されてきた大気汚染による窒素沈着量の増加が，今後の経済成長や産業発展にともなって東アジア，インド，南米，アフリカ諸国に広がることが予測されている (Galloway et al., 2004 など)。これらの地域では人間活動 (エネルギー消費，肥料利用ほか) による窒素排出量が近年増加していることが知られており，森林集水域への影響が懸念されている (Shibata et al., 2014)。

第3章 林内雨・樹幹流

3.1 はじめに

　大気から集水域生態系に降下（沈着）する成分の多くは，湿性沈着や乾性沈着として，森林の表面にある林冠（葉や枝が生い茂っている部分）にもたらされる。乾性沈着成分の多くは降水に溶解し，林内雨や樹幹流として地表へ到達する。森林内で観測される雨（雪）のことを林内雨（Throughfall）と呼び，幹を伝って流れる雨のことを樹幹流（Stemflow）と呼ぶ。

　林内雨や樹幹流は，雨水が林冠部で質や量が変化したものである。大気から沈着した湿性沈着や乾性沈着のほかに，葉や枝の内部から溶脱した成分の影響や，林冠での着生生物による養分吸収，樹木による葉面吸収の影響も含まれている。したがって，林内雨や樹幹流の濃度と量を調べることは，土壌圏への水分や養分，化学成分の供給源を理解する上で重要である。植生の種類，樹木位置（密度），葉・枝の空間分布，立地条件によって，林内雨や樹幹流による物質供給量の空間的な不均一性が生じるため（柴田ら，2000），研究目的に応じた観測デザイン（サンプラーの位置，反復数など）を立てることが大切である。

3.2 林内雨（雪）

　林内雨は，バルク沈着の測定法で述べたようなポリエチレン製ロートを用いて採集することが多い（写真3.1）。また，採集面積を広くするために雨樋を斜めに設置して集める方法もある。ロートを用いる場合には，開口部が水平になるように設置する。雨樋を用いる場合には，貯水タンクに水が流れるよう斜めに設置するため，その傾斜角度を正確に測定し，水平面として採水面積の補正をする必要がある。林内雨による物質フラックスを計算する方法は，バルク沈

写真3.1　林内雨の採取装置（ドイツ・ゾーリング山地の観測サイト）

着の項で示した式2.1と同様である。

　林内雨は空間的な変動が大きいことが知られているので，反復を十分に多く設定することが大切である。また，林内雨の濃度や量は，葉の展開，紅葉，落葉など生物季節（フェノロジー）の影響を強く受けるため（Shibata and Sakuma, 1996），それらの季節変化を考慮に入れて採取間隔を設定する。

　林内では葉や枝，種などの落下物が多く，それらによる水質変化を防ぐ必要がある。採集部にネットなどをかぶせるなどして，落下物が混入しないように工夫し，頻繁に容器等を交換するなどの配慮が大切である。また，野鳥などがロートの淵などに留まって糞などをしないように針状のものをロート周囲に垂直に取りつけることもある。

　冬期間はポリエチレン製の円筒容器などを用いて，森林内の降雪を採集し，その水量と化学成分を分析することができる。しかしながら，山岳地域で降雪・積雪量の多い場所では，採集容器が積雪内に埋もれてしまうため，アクセスの困難な場所での林内雪の継続観測は難しい。その場合には，積雪深が最大となる時期に積雪全量を円筒型のスノーサンプラーなどを用いて採取し，その積雪水量と化学成分を測定することができる。寒冷地域など積雪期間中の融雪量が少ない場合には，冬期間に林内雪で供給された化学成分の全量に近いものとしてその値を用いることもある。この方法では，積雪の下面で生じている融雪量や，調査時期以降に生じた降雪による化学成分量を含むことができないな

ど，それなりの誤差を含んだ推定値として用いなくてはならない。あるいは，積雪下面融雪量を測定できるライシメーター等を用いて融雪水の水量と濃度を測定することで，林内雪として供給される水量や，物質量を推定することができる。

3.3 樹幹流

　幹を流下する樹幹流は，幹にウレタンラバーやビニルチューブを巻きつけ，貯水タンクに溜めることで採集できる（写真 3.2）。幹表面は凸凹しているために，シリコン製充填剤などを用いて幹とチューブなどの間から水が漏れないようにする。樹幹流は葉や枝に受けた雨水が幹を伝って流れてくることから，少ない降水量でも集水面積が大きければ，その水量は多くなる（1 降雨で数十リットルに達することもある）。したがって，樹冠の広がりや枝張り等を考慮に入れて貯水タンクの大きさや採水間隔を設定することが大切である。また，長期にわたる観測の場合には，樹木の幹成長に応じて巻きつけたラバーやチューブをつけ直す必要がある。

　樹幹流による物質フラックスの計算方法は式 2.1 と同様であるが，雨水を補修する面積（式 2.1 の A に相当）は，樹冠（葉や枝が茂っている部分）の面積である。樹冠の面積を求めるためには，その個体の枝張りを測定し，水平面で

写真 3.2　ウレタンラバーを用いた樹幹流の採取装置（北海道大学天塩研究林）

の樹冠面積を求めなくてはならない。また，森林全体の樹幹流による物質供給量を求める際，樹冠が覆っていない土地面積（林冠ギャップなど）が多いような疎林の場合は，土地面積当たりに占める樹冠面積を求めて補正する必要がある（樹冠が重なり合って，葉群が十分に閉鎖している森林ではこのような補正は必要ない）。

3.4 研究事例

　北海道南西部に位置する北海道大学苫小牧研究林で観測された林内雨（雪）のデータを図3.1に示す。ここでは，植生による違いを比較するためにミズナラ，イタヤカエデ，サワシバ，シナノキなどを主体とする天然性の落葉広葉樹林と，人工林で常緑針葉樹であるストローブマツ林で観測を行った。比較のため，隣接した開放地においてバルク沈着（林外雨（雪））も観測した。その結果，林内雨（雪）に含まれる硫酸イオン濃度は常緑針葉樹林で高まる傾向があった（図3.1）。これは常緑針葉樹林の葉が針状で細かく，着葉期間が長いために大気に含まれる粒子やガス状成分（乾性沈着成分）が落葉広葉樹林よりも多く捕捉されたためと考えられている（Shibata and Sakuma, 1996）。また，広葉樹林の林内雨では，カリウムイオンの濃度が春季（葉の展開期）と秋季（紅葉期）に高まる傾向があり，林冠の生物季節変化に応じて植生内から溶脱された影響を強く受けていると考えられる。一方で，針葉樹林のカリウムイオン濃度の変動は，硫酸イオン濃度の変動と密接な関係があり，林冠からのカリウム溶脱が針葉樹林冠への乾性沈着の影響を受けていることが推察される。それらの結果として，林内雨（雪）のpH変動は広葉樹林と針葉樹林で大きく異なり，落葉広葉樹林では林内雨のカリウム濃度上昇にともなってpHが上昇する傾向が認められた（図3.1）（Shibata and Sakuma, 1996）。

　Gundersen *et al.* (2006) はヨーロッパ各地の温帯林生態系における林内雨の窒素フラックスを解析し，針葉樹林の方がより多くの大気窒素沈着を捕捉することを報告している。Fang *et al.* (2011) によると，中国41ヵ所で観測された林内雨による窒素沈着量は広葉樹林，針葉樹林でそれぞれ19.7（±3.3 SE），23.8（±3.9 SE）kgN ha^{-1} y^{-1}であり（SEは標準誤差），大気汚染に起因する森

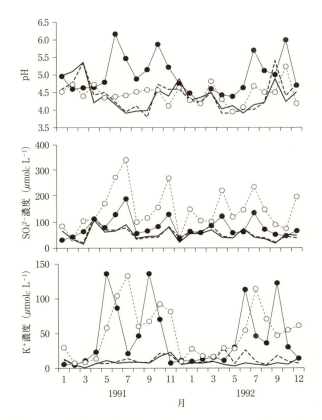

図3.1 北海道南西部の森林生態系（北海道大学苫小牧研究林）における林内雨とバルク沈着（林外雨）のpH, 硫酸イオン（SO_4^{2-}）濃度, カリウムイオン（K^+）濃度の季節変化（1991〜1992年）
実線と点線はそれぞれ落葉広葉樹林と常緑針葉樹林に隣接したバルク沈着を示す。黒丸と白丸はそれぞれ落葉広葉樹天然林と常緑針葉樹人工林における林内雨を示す。各データは水量による月別の加重平均 pH および濃度（Shibata and Sakuma, 1996）。これらのデータはJaLTER データベース（http://db.cger.nies.go.jp/JaLTER/metacat/, 2014年9月10日確認）からダウンロードできる。

林への窒素沈着量の増加が針葉樹林で特に高いことが指摘されている。図3.1で示した北海道南西部における広葉樹林と針葉樹林の林内雨による窒素沈着量は、それぞれ 4.8 kgN ha^{-1} y^{-1}, 7.0 kgN ha^{-1} y^{-1} であり（Shibata and Sakuma, 1996）、中国での値は人間活動による大気汚染の影響でそれらより十分に大きな値であった。日本においては、関東周辺部において大気汚染の影響で高い窒

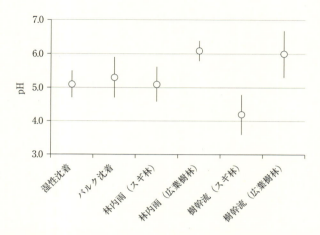

図 3.2 全国 26 地点で観測された湿性沈着，バルク沈着，林内雨および樹幹流（スギ林，広葉樹林）の pH 比較
1998 年 6 月に一斉観測されたデータ。Nakanishi *et al.*（2001）より作図。図中のバーは地点間の標準偏差を示す。

素沈着量が観測されており，群馬県妙義山のスギ林では林内雨と樹幹流による窒素沈着量は 28 kgN ha^{-1} y^{-1}（Wakamatsu *et al.*, 2001），群馬県赤城山麓のアカマツ林では 50 kgN ha^{-1} y^{-1}（若松ら，2004）に達している。

Nakanishi *et al.*（2001）は全国大学演習林協議会のネットワークによる共同研究として，全国 26 地点による一斉観測のデータからスギ樹幹流の特性を調べた（図 3.2）。常緑針葉樹林であるスギ樹幹流の pH は平均して 4 内外の値を示し，湿性沈着やバルク沈着と比べて 1 程度低く，広葉樹林よりは 2 程度低いことが示された。スギ樹幹流の酸性化の原因としては，樹幹への乾性沈着による硫酸イオンの影響と，樹幹内部から溶出する有機酸の影響が指摘された（Nakanishi *et al.*, 2001）。

このように，林内雨，樹幹流の物質濃度や供給量は，地域や大気汚染の状況，樹種によってさまざまな異なる特徴を有していることが知られている。

第4章 リターフォール・リター分解

4.1 はじめに

　落葉樹は秋になると紅葉し，やがて落葉として地表に堆積する。実際には葉だけではなく枝も含まれており，紅葉前であっても強い風が吹いたりすると，落葉前に葉や枝が脱落することが知られている。また，常緑樹は常に葉をつけていることからその名がついているが，落葉がないというわけではなく，落葉樹同様に，林冠での役割を終えた葉や枝，あるいは強風などによって脱落した葉や枝が地表に降下する。それらの葉や枝などの枯死物を総称して，リター (Litter) と呼ぶ。地下部にある根系もやがて枯死するので，それらも根リターとして土壌に供給される。

　それらのリターが脱落して地表に降下する量のことを，リターフォール (Litterfall) と呼ぶ。リターフォールによって地表に還元されたリターには有機物や養分が多く含まれており，土壌動物や微生物によって再び分解されることで森林生態系内を再循環している。それらの成分の一部は，土壌から水圏へと流出することも知られている。また，リターフォールは土壌腐植に含まれる有機物の供給源としても重要であり，有機物の存在によって土壌腐植のもつ多様な構造や機能が維持されている。

　リターフォールやリター分解の特性は，植生の種類だけではなく，気候，地質，土壌を含むさまざまな環境要因を受けて形成されている (Berg and McClaugherty, 2003)。したがって，森林集水域におけるリター動態の詳細を明らかにするためには，その研究目的や林冠の分布等を考慮し，適切な反復と配置を検討することが重要である (写真 4.1)。

写真4.1　森林内に林内雨サンプラーとリタートラップを面的に配置している例（ドイツ・ゾーリング山地の観測サイト）

4.2　リターフォール

　リターは，一定面積の開口部をもつ円錐状のネット（寒冷紗など）で採集することが多い（リタートラップ，写真4.2）。開口部は0.5～1.0 m²程度の大きさが一般的である。ロートのような形にネットを加工（裁縫）し，3～4本の杭な

写真4.2　リタートラップ（北海道大学雨龍研究林）
　　　　寒冷紗を使用している。開口部の面積は1 m²。野鳥が入らないように開口部にはナイロン製のラインを十文字に張っている。

写真4.3　リタートラップ（ドイツ・バーバリアン生態系観測ステーション・Altdorfサイト）
　　　　プラスチック製で，底面は雨が溜まらないように穴があいている。

どで開口部が水平になるように設置する。長方形のプラスチック容器を用いて採集する場合もある（写真 4.3）。採集する対象がリターではなく堅果や種子（シード）の場合には，同じ採集装置をシードトラップと呼ぶこともある。採集されたリターが土壌動物などによって分解されるのをできるだけ防ぐため，地表から少し離れた位置でトラップを固定することが一般的である。

　円錐状のリタートラップを用いる場合には，風などでトラップに入ったリターが外に出ないよう，底部を紐で地表に固定したり，トラップ内に錘を入れるなどの工夫が必要である。また，野鳥によるリターや種の持ち去り等の影響を避けるために，開口部にナイロン紐を十字に張るなどの防御策をとることも大切である（写真 4.2）。

　積雪地域においては，冬期間も常緑樹からの葉リターや，積雪の物理的作用で生じる枝リターなどが少なからず生じることも知られている。そのような量を測定するためには積雪前に箱型のリタートラップを地表に置き，底面はネットなどで融雪水が排水されるような工夫が必要である。素材には積雪重量に耐えることのできる頑強なものを使用しなくてはならない（写真 4.4）。この方法では，サンプルの回収は融雪後となるため，積雪重によるリターの物理的破砕や，融雪水によるリター内の可溶性成分の溶脱の影響は避けることができない。また，林床植生にササが密生する地域では，ササのリターフォールを採取

写真 4.4　箱型リタートラップ（北海道大学雨龍研究林）
　　　　冬季に積雪下に設置し，冬期間のリターフォールを採取する。

写真 4.5　プラスチックケースを利用したリタートラップ（北海道大学雨龍研究林）
　　　　ササの葉群下に設置すればササのリターフォールを集めることもできる。

写真 4.6　リタートラップ内に集まったリター試料
種類を分けて乾燥，重量測定し，粉砕後に化学分析に供する。

するため，より地表に近い部分にリタートラップを置くなどの工夫が必要である（写真 4.5）。

　採集したリター（写真 4.6）は樹種や部位別（葉，枝，堅果など）に分け，乾燥してから重量を測定することが多い。養分濃度や化学成分の分析をする場合には，その乾燥試料について機器を用いて粉砕し，以降の分析に供する。

4.3　リター分解

　地表に供給されたリターの分解速度を調べるためには，あらかじめ重量や成分濃度を測定したリターをネット状のバッグに入れて地表に固定し，一定期間後に回収して重量や成分濃度を測定し，時間当たりの変化速度を求める方法が一般的である。リターをバッグに入れて測定するので，リターバッグ（Litter bag）法と呼ばれる（写真 4.7）。分解途中で未分解のリターがバッグから脱落しないように細かいネット状（たとえば 1 mm メッシュ）のバッグを用いているが，ネットの網目よりも大きい土壌動物がリターにアクセスできないという欠点をもっている。しかしながら，リターバッグ法は比較的簡便に多量に取り扱うことができるため，リター分解研究において最も一般的に用いられている。

写真 4.7　ポリエチレン製ネットを用いたリターバッグ
　リターの分解速度やそれにともなう成分変化を調べるために用いられる。右の写真は現地に設置している様子。

　リターバッグ法では，一定期間ごとにサンプルを持ち帰ることになるので，サンプリング回数分のリターバッグを設置当初に準備しなければならない。同時期のサンプリングにおいても繰り返し（反復）が必要となるので，反復数 × 回収数のバッグを要する。植生種ごとに比較したり，混合リターによる混合効果を調べるため，樹種別にバッグを準備する場合もある。使用するリターがバッグと比べて大きい場合などは，あらかじめ細片化して混合し，初期リターの状態をバックごとにできるだけ均質化しておく。回収間隔や期間は研究目的によって異なり，数週間おきに1年程度で調査する場合もあれば，より広い時間間隔で2〜3年程度まで調査を続ける場合もある。一般的には分解初期の数週間〜数ヶ月間は変化が大きいために回収間隔を短めに設定し，その後は回収間隔を長くすることが多い。

　リターバッグを地表に設置する際には，土壌動物や微生物がアクセスできるように地表にしっかりと固定することが必要である。大型野生動物による持ち去りの影響を避けるために，ペグなどを用いてバッグを固定するとよい。また，回収時に場所が判別できるように目印となるようなテープを取りつけ，長期的に消失しない方法（油性マジック，アルミタグなど）でサンプルのIDなどを記録することも重要である。

　バッグの回収時には，地表の土壌が表面に付着していることが多い。その土壌はもともとバッグ内のリターには含まれていない成分なので，回収時にブラ

シなどを用いて除去することが大切である。その際に，バッグ内で分解，細方化したリターがバッグから脱落してしまわないように注意する。持ち帰ったバッグは研究目的に応じて内容物を分別し，乾燥後に重量測定したのち成分分析用に粉砕する。ただし，微細構造の形態変化を調べるために粉砕せずに顕微鏡観察などをする場合もある。

4.4 粗大有機物リターの存在量と分解

　寿命を終えた樹木，あるいは強風や積雪の影響で倒れた樹木の幹や枝が地表に多く存在することがある。これらの幹や枝も土壌へ供給されるリター成分であり，有機物や養分の供給源としても無視できない場合がある。倒木の量を正確に調査することは難しいが，一定区画内の毎木調査（第6.3節に記載）などを一定期間ごとに繰り返し，タグをつけた樹木の存在を確認することで，その期間内に枯死した樹木の個体数や量を推定することが可能である。また，地表に堆積している粗大樹木リターのことを Coarse Woody Debris（CWD）と呼ぶことがある。CWD の量を求めるためには，一定の区画内に一定の間隔で調査ラインやコドラートを設定し，そのライン上やコドラート内に存在する CWD の個数や大きさ，分解程度などを記録して，それをもとに土地面積当たりの量を推定する方法もある（Takahashi *et al.*, 2000; Noguchi and Yoshida, 2004）。それらの調査を一定時間ごとに繰り返せば，CWD の分解速度を推定することが可能となる。

4.5 研究事例

　生物多様性センター（環境省）が中心となって進めているモニタリングサイト1000（http://www.biodic.go.jp/moni1000/，2014年9月10日確認）の一環として，全国21ヶ所の森林におけるリターフォールの観測が継続的に実施されており，その観測マニュアルや報告書はホームページで公開されている（http://www.biodic.go.jp/moni1000/findings/data/index_file_LitterSheed.html，2014年9月10日確認）。また，観測内容やデータはデータペーパーとして出版

され（Suzuki *et al.*, 2012），その生データは JaLTER データベース（http://db.cger.nies.go.jp/JaLTER/metacat/，2014 年 9 月 10 日確認）からダウンロードできる（JaLTER は日本長期生態学研究ネットワーク（Japan Long-Term Ecological Research Network），http://www.jalter.org/，2014 年 9 月 10 日確認）。

北海道北部における比較的成熟した天然性の針広混交林では，年間 576 g m^{-2} y^{-1} のリターフォールのうち，47% は樹木の葉リターに由来していた（表 4.1，Watanabe *et al.*, 2013）。その地域では林床植生としてササが密生しているため，Watanabe *et al.*（2013）はリタートラップをササ葉群の下（地表から 20〜30 cm）に設置し，樹木とササのリターもそれぞれ観測した。その結果，ササのリターフォールは全体の 28% を占めており，これらの地域では，リターフォールの供給源として，ササが重要な役割を果たしていることがわかった。

表 4.2 には流域内に異なる林相が分布している北海道北部の北海道大学雨龍研究林内，泥川流域で観測された葉リターの化学成分を示す（Xu and Shibata, 2007）。この地域の典型的な常緑針葉樹林であるアカエゾマツおよびトドマツの葉リターは，落葉広葉樹林と比べて窒素濃度が低い傾向にあった。実際，落葉広葉樹林の窒素やリン濃度は常緑針葉樹と比べると高く，特に河畔に生息しているケヤマハンノキの葉リターは他と比べて窒素濃度が高い。ケヤマハンノキ（*Alnus hirsuta*）では根に根粒菌が共生しており，根粒菌には大気中の窒素

表 4.1　北海道北部の森林生態系における年間のリターフォール量（Watanabe *et al.*, 2013 より抜粋，一部改変）

10 個のリタートラップによる 3 年間（2006〜2008）の平均値。標準偏差および変動係数は 10 個のリタートラップ間のばらつきを示す。林冠が閉鎖し，成熟した天然性の冷温帯針広混交林であり，上層木はトドマツ，イタヤカエデ，ミズナラ，ダケカンバなどを主体とし，林床にはクマイザサが密生している（北海道大学中川研究林ドウラン川流域）。

植生	部位	平均 (g m^{-2} y^{-1})	標準偏差 (g m^{-2} y^{-1})	変動係数 (%)	全体に占める割合 (%)
樹木	葉	272	25	9.2	47
	枝	70	67	95.7	12
	その他	70	14	20.0	12
ササ	葉	60	25	41.7	10
	稈	104	49	47.1	18
	合計	576	40	6.9	100

ガスを固定してアンモニアを生成する酵素（ニトロゲナーゼ）が含まれている。このため，ケヤマハンノキの葉の窒素濃度は高くなることが知られている（千鯛，2014）。湿地林に純林を形成しているアカエゾマツでは，リターの分解速度の指標（低いほど分解されやすい）となる炭素／窒素（C/N）比が高く，トドマツはそれに次いで高い値を示した。一方で，広葉樹は 19～43 程度の値を示し，ケヤマハンノキで最も低いことが示されている（表 4.2）。

リター分解については，Berg and McClaugherty（2004）や大園（2007）などが，北方林と温帯林を中心にリター分解過程のメカニズムやパターン，その支配要因について広範にまとめている。そこでは，リター分解にかかわる生物の特徴，リター化学性が分解速度に及ぼす影響や，気候条件，立地条件の影響について，具体的な研究事例をもとに解説されている。また，リターの化学的性

表 4.2 北海道北部の天然林流域生態系（北海道大学雨龍研究林泥川流域）における，リターフォールに含まれるおもな葉リターの化学組成（2003～2004 年に観測，Xu and Shibata（2007）より抜粋，一部改変）

調査流域では尾根部から斜面部に針広混交林（トドマツ，ミズナラ，イタヤカエデ，シラカンバほか）が分布し，河畔氾濫原には落葉広葉樹林（ケヤマハンノキほか），中下流域平坦部にはアカエゾマツ湿地林が広がっている（Ogawa et al., 2006）。それぞれ炭素（C），窒素（N），リン（P），カリウム（K），カルシウム（Ca），マグネシウム（Mg）の乾物当たりの平均含有率（mg g^{-1}）を示す。C/N, N/P はそれぞれ炭素／窒素比，窒素／リン比である。それぞれの数値は各調査林分内で 5 個のリタートラップを用いて，樹種別に分別採取したサンプルの平均値（mean）と標準偏差（SD，斜字体）を示す。

樹種	C mean	SD	N mean	SD	P mean	SD	K mean	SD
アカエゾマツ	527	6.15	7.56	1.3	0.85	0.41	2.76	1.81
トドマツ	542	7.87	8.65	2.47	0.66	0.21	4.68	1.11
ミズナラ	493	6.56	12.43	2.08	0.75	0.1	4.01	0.53
イタヤカエデ	499	6.61	11.61	1.84	0.89	0.18	3.69	1.35
シラカンバ	508	8.23	17.96	3.24	1.19	0.15	5.96	1.43
ケヤマハンノキ	539	8.36	28.73	3.74	1.03	0.24	3.54	1.73

樹種	Ca mean	SD	Mg mean	SD	C/N	N/P
アカエゾマツ	7.24	1.16	1.63	0.81	69.7	8.9
トドマツ	12.06	2.08	2.02	0.36	62.7	13.1
ミズナラ	9.38	1.47	2.57	0.31	39.7	16.6
イタヤカエデ	11.91	2.86	2.39	0.58	43.0	13.0
シラカンバ	9.85	2.08	3.46	0.89	28.3	15.1
ケヤマハンノキ	13.86	1.29	2.55	0.19	18.8	27.9

質として窒素やリグニン，その他の成分が果たす役割について述べられている。リター分解の初期過程では，一般的に窒素やリンなどの養分含有率が高いことがリター分解速度を速め，後期過程ではリグニンの存在がリター分解速度を遅くすることが知られている。そのため，リターに含まれるリグニン含有率がリター分解中の窒素動態に大きく影響すると考えられており，リグニン／窒素比を指標としたプロセス研究も多く行われている（大園，2007；大園，2012）。また，北海道北部の森林生態系で，林床植生として密生するササのリター分解を調べた例では，ササに含まれる高いケイ素含有率がリター分解を遅くする作用があると報告されている（Watanabe *et al.*, 2013）。

第5章 土壌

5.1 はじめに

　土壌は森林集水域における物質循環の「かなめ」である。土壌内での物質移送，貯留，変化の様子とそれらの変動要因やメカニズムを理解することは，集水域における物質循環全体を解明する上で極めて重要である（写真5.1）。土壌は，その場所における気候，地質，植生，地形などさまざまな要因によって形成されている。その複雑な構造から生み出された土壌内での物質の保持・変換プロセスは，集水域レベルでの物質収支，養分循環，水質形成，ガス代謝などのダイナミクスに密接に関係している。また，土壌にはその環境条件や理化学特性に応じて，多種多様な土壌動物，土壌微生物が生息している。特に土壌微生物は，生元素（炭素，窒素，リンなど）をはじめとしたさまざまな物質の循環過程に重要な役割を果たしている。さらに，土壌の材料である鉱物からは，

写真5.1　土壌表層をブロック状に掘り上げたもの（北海道大学雨龍研究林，安山岩を母材とする酸性褐色森林土）

化学的風化反応によってカルシウム，マグネシウム，カリウム，ナトリウムなどのアルカリ金属成分やアルカリ土類金属成分などが供給されている。必須元素として重要なリンも，主として鉱物風化を起源としている。

　土壌を調査する際に最も困難なことは，同じ場所を繰り返し測定することが非常に難しいという点である。後述するように，土壌を直接採取し，その試料を分析すれば，多様な情報を得ることができる。しかしながら，森林生態系において土壌を一度掘り上げた場所は，その攪乱の影響があり二度と同じ状態に復元することはできない。また，地中にある土壌での物質の動きを乱さない状態で直接観察したり，成分分析したりすることは極めて難しい。そのため，研究目的や対象地の条件に応じて，さまざまな調査法を組み合わせ，工夫しながら研究をすることが大切である。

　土壌の特徴的な性質は，時間や場所によるばらつき（不均一性）が極めて大きいことである。一般的に，農地など人の手が入っている土壌よりも，森林生態系の土壌の方が空間的な不均一性は大きい。その不均一性の大きさや成因も，対象とする生態系や地域，微地形によって異なる。これが森林集水域における土壌の研究を困難にしている要因の1つでもある。十分な反復と調査スポットの配置，時間変化を考慮に入れた研究デザインを設定することが大切である。

　土壌の調査・分析法については以下に述べる内容のほかに，土壌調査法編集委員会（1978），日本ペドロジー学会（1997），土壌環境分析法編集委員会（1997），Robertson et al.（1999），Sparks et al.（1996）などにも詳しく紹介されている。

5.2　土壌の直接採取

　土壌の物理構造や化学成分量を分析するためには，土壌を直接採取し，計測する必要がある。土壌には地表に堆積している落葉・落枝の層と，その下に存在する腐植を含む黒色を帯びた土壌，さらに下層で鉱質分をより多く含む土壌（一般的には褐色，赤黄色，灰色等の色を帯びていることが多い）があり，それらの間では物理性や化学性など特徴が大きく異なる。おもに落葉・落枝とその

分解物からなる層のことをリター層（Litter layer），有機質層（Organic horizon），粗腐植層，O 層，A_0 層などと呼ぶ。O 層は国際土壌分類で用いられる層位区分で，A_0 層は主に国内の土壌分類（林野土壌分類など）で用いられる名称である。O 層以下の土壌は鉱質土壌（Mineral soil）と呼ばれ，その生成過程や特徴に応じて A，B，C 層などに区分される（日本ペドロジー学会，1997）。

(1) O 層の採取

O 層はその分解程度に応じて物理性や化学性が異なるため，Oi，Oe，Oa 層（L，F，H 層）に区分して採取することが多い。ここで，Oi 層（あるいは L 層）は新鮮で未分解の有機物を多く含む層であり，Oe 層（あるいは F 層）は分解が中程度の有機質層，Oa 層（あるいは H 層）は分解がよく進んだ有機質層である。O 層の乾物蓄積量やその成分量を調べるためには，地表に一定面積の区画を設けて，その中に含まれる O 層を層別に全量採取することが一般的である。O 層の不均一程度や研究目的によって区画の大きさは異なるが，25×25 cm や 50×50 cm の区画で複数の繰り返しを設けることが多い。層の境界を明確にするためにはあらかじめ垂直断面を作成し，その変化をよく観察してから採取するとよい。研究の目的に応じて，採取した O 層を葉と枝に分けるなどして持ち帰り，乾燥後にその重量を測定したり，化学分析のために粉砕することが多い。O 層を採取した区画の地表面積と乾燥重量を用いて，面積当たりの O 層の現存量（$mg\,m^{-2}$ など）として集計することができる。また，各層の厚さを測定すると，採取した O 層の体積が計算できるので，体積当たりの乾物重量（密度：$mg\,m^{-3}$ など）を求めることができる。

(2) 鉱質土壌の採取

土壌を層別あるいは深度別に採取するためには，あらかじめ垂直な土壌断面を作り（写真 5.2），採取する深度の境界を設定する必要がある（写真 5.3）。土壌断面の特徴は土壌の物理的・化学的・生物的特性に密接に関係するので，土壌層・層界・深さ，土性（粒径組成：粘土，シルト，砂の存在割合），コンシステンス（粘着性，可塑性，ち密度，破易性など），土色（標準土色帖を参照し，色相・明度・彩度から区分する：7.5YR4/6 などと記載），土壌構造（発達程度，

写真5.2 土壌調査はスコップで穴を掘るところから始まる

写真5.3 土壌断面の様子（北海道大学苫小牧研究林，樽前山火山礫を母材とする火山放出物未熟土）

大きさ，形状などを記載する：塊状，柱状など），孔隙（大きさや形状などを記載する：植物根や動物活動などに由来する），斑紋（種類や色，量を記載する：斑鉄，マンガン斑など），有機物（含量を記載：火山灰土壌で多い），植物根（太さ，分布域など），石礫（大きさ，量など），水分（乾湿の状況を記載），硬度（土壌硬度計などを用いて測定）などの状態を記録することが重要である（詳しい方法は，土壌調査法編集委員会，1978；日本ペドロジー学会，1997などを参照）。垂直にスケールを立てて，土壌断面の写真を撮影することも大切である（写真5.3）。また，調査した場所の地形や地質・母材（土壌の材料），植生の状態も記録するとよい。

　土壌を深さごとに採取する場合，土壌層別に採取する場合と（A層，B層など），一定の深度別に採取する場合（5 cmごと，10 cmごとなど）に大きく分けられる。どちらの方法にするのかは研究目的と対象とする土壌タイプによって異なるので一概にいうことはできないが，土壌生成因子の影響を強く受けているパラメーターの場合には土壌層別に採取し，地表からの熱・水・有機物供給の影響で深さ方向に傾度をもつと想定するパラメーターについては，一定深度別に採取することが多いようである。いずれにせよ，土壌断面をきちんと記録し，どの深さにどの層位があるのかを把握した上で採取計画を立てることが重要である。

鉱質土壌を層別あるいは深度別に直接採取する際には，あらかじめ作成した土壌断面において，まずは採取する区画の上部にあるO層をできるだけ完全に取り除く（サンプルとしてO層試料が必要な場合は，上述のように別途採取する）。次いで，表層から順にスコップ（剣先スコップを用いることが多い）を採取深さの下端に水平に挿入し，スコップ上部でコテなどを用い，採取する土壌を垂直方向にできるだけ均質に削りとる（写真5.4）。スコップに集まった土壌をジッパーつきのビニル袋などに入れ，実験室に持ち帰る。その際，スコップやコテに他の土壌が付着していると，それがサンプルに混入してしまうので注意が必要である。

　オーガー（Auger）と呼ばれるパイプ状の道具を使うことで，土壌に大きな穴をあけずに，比較的攪乱の少ない状態で深さごとの土壌試料を採取することもできる（写真5.5）。この場合，金属製のパイプ状のオーガーを地表からハンマーなどで打ち込むことになるため，圧密によって土壌の厚さが変化してしまうことに注意が必要である。圧密の影響が比較的小さい，ハンディー・ジオスライサーなどと呼ばれる道具を用いることもある（写真5.6）。泥炭土壌の場合には，ハンドルを回すことで泥炭層内でサンプルを削りとることができるピートサンプラーを用いることもある（写真5.7）。

写真5.4　スコップとコテを用いて土壌を深さごとに採取している様子

写真5.5　オーガー等を用いた土壌採取

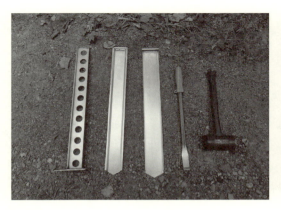

写真 5.6　ハンディー・ジオスライサー
採取時の圧密の影響が小さい状態で土壌層を観察し，試料を採取することができる。

写真 5.7　ピートサンプラー
泥炭土壌での試料採取に用いる。採取部が開閉するように工夫されている。

写真 5.8　フルイ（5 mm 径）
土壌から粗大根系や石礫を除くために用いる。

　また，土壌試料を研究室に持ち帰る際に，植物根や石礫の影響を取り除くため，現地で目の粗いフルイ（4〜5 mm 程度が多く用いられている）によって篩分けすることも多い（写真 5.8）。
　炭素，窒素，リンなどの生元素濃度，土壌呼吸，土壌微生物バイオマス・組成などの土壌微生物活性にかかわる項目を分析しようとする場合には，採取した土壌試料をクーラーボックスに入れ，低温状態で輸送することが望ましい。

(3) 未攪乱土壌の採取

　土壌の密度（体積当たりの乾物重量：容積重，仮比重）や透水性など，土壌の構造を乱さずに土壌を採取するためには，ステンレス円筒など一定容積の採土円筒を用いて採取する。100 cm^3 や 200 cm^3 の容積をもつ採土円筒が多く用いられている（写真 5.9，5.10）。粗孔隙の影響を調べる場合などは，より大きな容積の採土円筒を用いることもある。一般的には，土壌構造が乱れないように注意しながら垂直方向に採土円筒を挿入し，土塊ごと取り出して，円筒周囲にある土壌をナイフなどを用いて取り除く。挿入時や取り出し時に植物根がある場合は，剪定ハサミなどを用いて切断するが，その際に円筒容器内の土壌構造が乱れないように注意する。採取，成型後に採土円筒のフタをビニルテープ等で密閉し，実験室に持ち帰る。

　また，ライナー式採土器と呼ばれる道具を使って，未攪乱土壌を採取できる（写真 5.11）。ライナー式採土器は，金属製のシリンダー状のサンプラーの内側に，プラスチック製のシリンダーチューブを内装している。チューブを内側に取りつけた状態でサンプラーを地表から打ち込むことで，プラスチックチューブ内に未攪乱土壌を採取できる。カッターナイフでチューブごと切断すれば，深さ別の試料を得ることも可能である。

写真 5.9　採土円筒（容量 100 cm^3）
　　　　　未攪乱土壌試料を採取するためのもの。

写真 5.10　採土円筒（容量 200 cm^3）
　　　　　未攪乱土壌試料を採取するためのもの。写真 5.9 よりも容量が大きいため，構造の不均一性がより大きい土壌で用いられることが多い。

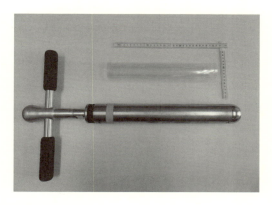

写真 5.11　ライナー式採土器
　　　　内部にプラスチックチューブを内挿し，チューブ内に未攪乱土壌試料を採取することができる。

5.3　土壌水・土壌溶液

　土壌に含まれる水にはさまざまな養分や化学成分が溶け込んでいる。土壌内の水そのものを指す場合には土壌水と呼び，溶質成分を含めた場合には土壌溶液と呼ぶことが多いが，一般的には混同して用いられている。重力排水で移動する土壌水のことを土壌浸透水と呼ぶこともある。土壌水，土壌溶液，土壌浸透水に含まれる成分濃度を調べるためには，第5.2節に述べた方法で直接採取した土壌を用いて，遠心分離装置などによって液相成分を抽出したり，純水を加えて振盪（しんとう）抽出するなどして，その抽出液の成分濃度から推定する方法が用いられる。これらの方法では，土壌を破壊的に採取するために同一地点で繰り返し測定し，その時間変化や季節変化を調べることは難しい。また，土壌から水抽出によって抽出された成分濃度は，使用した抽出液の量によって異なるため，現地に存在している土壌溶液の濃度とは本質的に異なっている。

　そこで，長期的，継続的に現地の土壌水・土壌溶液を採取するためには，現地の土壌から水サンプルのみを採取できる道具を使う必要がある。土壌に含まれる，あるいは土壌から流れてくる水を採取する器具はライシメーター（Lysimeter）と呼ばれている。土壌にはさまざまな大きさの孔隙があり，その

大きさに応じて土壌内での水の保持力が異なる。比較的大きな孔隙内は毛管力が小さいために，重力により水が流下しやすい。したがって，降雨時における土壌から溶脱する成分は，この重力排水で移動する土壌水（土壌浸透水）に多く含まれるであろう。一方，土壌内の比較的小さい孔隙には毛管力で水が保持される。そのため，晴天時等に樹木が蒸発散や養分吸収を行うためには土壌の毛管に保持された土壌水・土壌溶液がより多く使われると考えられている。

　以下では，重力水や毛管水として存在する土壌溶液をそれぞれ採取する方法として，テンションフリーライシメーターとテンションライシメーターについて紹介する。

(1) テンションフリーライシメーター

　重力排水で移動する土壌水（土壌浸透水）を採取するのにはテンションフリーライシメーターが多く用いられている。これは，ライシメーターに吸引圧を与えていない（テンションフリー）という意味から名づけられている。テンションフリーライシメーターは，採取しようとする土壌深度において，水平方向に板状あるいは半円柱状のライシメーターを挿入し，排水チューブ等を取りつけて貯水タンクに土壌溶液を採集する方法である（写真 5.12, 5.13）。実際には，各ライシメーターに取りつけたチューブから土壌浸透水が効果的に排水されるように，水平よりもチューブ側がやや低くなるように傾斜をつけて挿入する。

　この方法ではライシメーターを挿入するために，ある程度の広さで土壌断面を作成しなくてはならない。ライシメーター設置時に土壌攪乱が大きいと，土壌内での酸化還元状態や酸素・二酸化炭素濃度などの物理化学環境の変化を通じて，土壌微生物の活性や土壌水の化学性に関係する反応を変化させてしまうおそれがある。そのため，設置後には採水チューブと貯水タンクを土壌内に埋め戻し，地表からサンプリング用チューブとポンプなどを用いて貯水タンクからサンプルを回収するとよい。あるいは，排水チューブや貯水タンクをプラスチックケースなどに格納し，その周りを土壌で埋め戻すという方法を用いることもできる。いずれにしても，土壌断面をそのまま放置しておくと，土壌が乾燥するなど自然状態とは異なってしまうため，できるだけ元の状態に近い環境

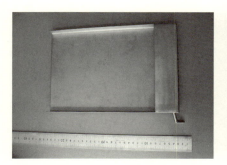

写真5.12 プレート型テンションフリーライシメーター（ステンレス製）
重力排水で移動する土壌水（土壌浸透水）を採取することができる。

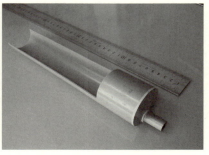

写真5.13 チューブ型テンションフリーライシメーター（塩化ビニル製）
市販の塩ビ管を加工したもの。写真5.12で示したものと同様に，重力排水で移動する土壌水（土壌浸透水）を採取することができる。

に戻すような工夫が必要である。また，ライシメーターの集水面積が大きいほど採取できる水の量は多くなるが，その分だけ設置時の土壌攪乱が大きくなってしまうという問題点もある。

また，ライシメーターの埋設自体が土壌内の毛管を切断することになるため，土壌中での自然状態の水移動（特に浸潤前線での水の動き）を乱してしまう懸念もあり，特に粘土質土壌では注意が必要とされる。

このようにいくつかの問題はあるが，テンションフリーライシメーター法は土壌から排水される重力水を採集し，その成分濃度や量を継続調査するためにはとても有用な方法であるため，多くの研究で広く用いられている。

(2) テンションライシメーター

土壌の毛管に保持された土壌溶液を採取するために，テンションライシメーターが多くの研究で広く用いられている。セラミック製のポーラスカップが先端に装着されているパイプ状のテンションライシメーターが一般的である。筆者がこれまでよく用いてきたのは，外径が約 1.8 cm 程度の塩ビ製のパイプの先端部に，同じ直径で長さが約 6 cm のセラミック製ポーラスカップがついているものである（写真5.14）。パイプ内部にはプラスチックチューブがカップ

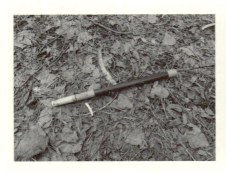

写真 5.14　ポーラスカップ式テンションライシメーター
先端の白い部分がセラミック製のポーラスカップ。

写真 5.15　ポーラスカップ式テンションライシメーター（写真 5.14）を埋設した様子
手前にあるシリンジを用いて吸引圧を与えることができる。シリンジの代わりに三角フラスコを接続し，ハンドポンプで吸引する場合もある。

内先端部まで伸びており，そのチューブを通じてポーラスカップに吸引圧をかけ，土壌溶液を採取することができる（写真 5.15）。

　土壌内にポーラスカップを埋設するためには，土壌表層からパイプ外径とほぼ同じ大きさの採土器（土壌オーガーや検土杖，写真 5.16）を用いて穴をあけ，土壌溶液を採取する深さまでライシメーターを挿入する。この際に，できるだけ周囲の土壌を乱さないようにする。目的によって垂直に穴をあけたり，斜め方向にあけたりする。斜め方向にライシメーターを挿入するのは，採水カップ上部の土壌を乱さない状態で観測する場合である。ライシメーター内にポンプ（電動あるいは手動）を用いて吸引圧をかけ，一定時間待ってから溜まった土壌溶液を採水する。土壌の水分条件や物理性によって吸引時間は異なり，吸引後すぐに土壌溶液が得られる場合もあれば，1日後あるいは数日かけて吸引を継続しなくてはならない場合もある。この方法では，吸引圧を与えている期間のみの土壌溶液が採取されることに注意が必要である。たとえば，降雨時の重力排水も含めて土壌溶液を採水したい場合には，その期間も含めて吸引圧を与えなくてはならない。商用電源が得られる場所であれば，電動ポンプを用いて連続的に吸引圧を与え続けることができ，継続的な観測が可能となる。

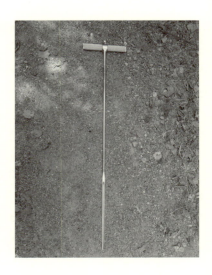

写真 5.16　検土杖
この道具は土壌層を観察するために用いられる道具であるが，写真 5.14 のテンションライシメーターを設置するのにちょうどよい大きさの穴をあけることができ，周囲の撹乱を最小限に抑えることができる。

(3) イオン交換樹脂法

　陽イオンや陰イオンを吸着することのできるイオン交換樹脂やイオン交換膜を土壌内に埋設し，その上層の土壌から，溶脱するイオン成分の量を測定することができる (Huang and Schoenau, 1997; Robertson et al., 1999 ほか)。イオン交換樹脂はナイロン製のストッキングなどに入れ，上下端があいている塩化ビニルチューブなどに入れて土壌内に埋設する。そのチューブの上端の面積が集水面積となるので，一定期間後に取り出したイオン交換樹脂に含まれるイオン量をその集水面積で割ることによって，期間中のイオン移動フラックスを推定することができる。Shibata et al. (2011) では，陽イオン・陰イオン用混合イオン交換樹脂に吸着されたイオン量を分析するため，土壌から回収した樹脂 4 g に対して 100 mL の 1 mol L^{-1} の塩化カリウム溶液を用いて抽出（2 回）している（2 回抽出後に 250 mL に定容）。

　イオン交換樹脂を用いる方法は，現地に頻繁に行くことができない遠隔地の場合や，ライシメーター観測が難しかったり，土壌水分移動量を測定すること

が難しい場合などに有効で,そのような条件でも比較的簡易に土壌内のイオン移動フラックスを推定することができる。しかしながら,埋設時の土壌攪乱の影響が大きいことや,土壌とイオン交換樹脂の透水性が違うことによって土壌水の動き自体が乱されている可能性があることに注意が必要である。

(4) 土壌水分の測定

土壌内での土壌水・土壌溶液による物質の移動速度を見積もるためには,土壌水分や土壌水分吸引圧の深度分布,その季節変化を計測する必要がある。土壌水分は採取した土壌を乾燥させ(一般に110℃で24時間以上),新鮮土壌との差から計算することができ,含水率と呼ばれている。また,第5.2節で述べた一定容積の採土円筒を用いて採取した土壌の含水率から,体積当たりの水分率(体積水分率)を求めることができる。

現地で継続的に土壌水分を測定するためには,TDR(Time Domain Reflectometry)水分計を用いることが多い(写真5.17)。携帯型のものや設置型のものがあり,設置型のセンサー,計器とデータロガー(データ記録装置)を用いれば長期間の自動観測が可能である。

土壌水分吸引圧(ポテンシャル)は,土壌の乾湿を表す指標として,また土壌水の移動速度を決定する指標として重要である。現地での土壌吸引圧はテン

写真5.17 TDR 水分計
 土壌の体積水分率を測定するために用いる。

シオメーターを用いて測定できる。上述したテンションライシメーターに用いられているものと同様のポーラスカップを土壌中に埋設し，テンシオメーター内の水と土壌毛管水が接続された状態でテンシオメーター内の負圧を測定することにより，その深度の土壌水分吸引圧が求められる。土壌中の透水係数と土壌水分吸引圧勾配を用いて，土壌中の水移動フラックスを見積もることもできる（詳しくは専門書を参照のこと。たとえば，日本土壌肥料学会，1987；中野ら，1995など）

5.4　土壌呼吸・ガス代謝

　土壌微生物や植物根のはたらきによって，土壌表面からは二酸化炭素（CO_2），亜酸化窒素（N_2O），メタン（CH_4）などさまざまなガスが発生している。土壌からの二酸化炭素発生の現象は土壌呼吸と呼ばれている（実際には土壌微生物と植物根の呼吸が主体である）。土壌微生物による物質代謝の結果として発生するガスの量については，室内におけるビン培養などで測定することができる。一定量の土壌を容器に入れ，温度や水分を調整した状態で恒温器内で一定時間培養する。そして，容器にフタをした状態で容器内（ヘッドスペースガス）のガス濃度（CO_2, N_2O, CH_4 など）の変化を継時的に測定し，時間に対する濃度変化の傾きを求める。CO_2 濃度は非分散赤外線吸収法（Non-dispersive Infrared absorption method：NDIR 法）で測定し，N_2O や CH_4 濃度はガスクロマトグラフ法で測定することが一般的である。培養容器に入れた土壌重量および容器体積を用いて，土壌重量当たりのガス放出速度を求めることができる。一般に，土壌微生物のガス代謝は温度と水分によって変化することが知られているので，異なる温度・水分条件下で同様の測定を行い，温度・水分とガス発生速度の関係式を求めることができれば，それを用いて現地での放出速度を推定可能である。

　この方法では土壌を乱した状態で測定しているので，土壌水分のみならず，酸化還元状態や酸素濃度が変化し，それが土壌微生物の活性に影響を与えている可能性がある。したがって，ビン培養による測定値を用いて自然状態でのガス発生速度を見積もるには不確実な点が多い。また，フィールド条件下では土

写真 5.18　自動開閉式の土壌呼吸測定用チャンバー（北海道大学天塩研究林）
一定時間ごとに自動的に上部のフタが開閉する仕組みになっている。

壌内および表面での物理性の違いによってガスの拡散速度が変化することも知られている。しかしながら，均一の条件下で測定することから，土壌微生物によるガス代謝のメカニズムや変動パターンを理解するために有効な方法であることも確かであり，多くの研究で用いられている。

現地において土壌からのガス放出速度を測定するには，チャンバーと呼ばれる円柱型あるいは箱型の容器を土壌表面にかぶせ，そのチャンバー内に充満するガス濃度の上昇速度を計測することが一般的である（チャンバー法，写真 5.18）。CO_2 の場合には，土壌微生物と植物根の呼吸を合計して測定していることになる。

チャンバー容積とガス濃度の上昇速度，チャンバー底面積を用いて，土壌の地表面積当たりのガス放出フラックス（単位面積当たり時間当たりの物質移動速度）を求めることができる。測定時に地温や土壌水分を計測することで，温度・水分との関係を求め，地温と土壌水分の現地データを用いることで，その時々の現地におけるガス放出速度を推定することができる。

5.5　窒素無機化・硝化

土壌中には多様な形態の窒素が存在する。落葉・落枝などの有機物に含まれ

る窒素は有機態窒素と呼ばれ，そのままの形態では植物や土壌微生物の無機栄養源として利用されない。有機態窒素が土壌微生物のはたらきで無機態窒素に変化することにより，アンモニウム態窒素（NH_4^+）や硝酸態窒素（NO_3^-）として，植生や土壌微生物の無機窒素栄養として再利用される。また，その一部は土壌から水圏へと溶脱される。無機態窒素のうち，アンモニウム態窒素のことを慣例的にアンモニア態窒素と呼ぶ場合も見受けられるが，アンモニア（NH_3, Ammonia）とアンモニウム（NH_4, Ammonium）は異なる物質なので区別して呼ばなくてはならない。

有機態窒素が溶存有機態窒素を経てアンモニウム態窒素に変化する過程は，有機態窒素が無機態窒素に変化することから窒素無機化（Nitrogen mineralization）と呼ばれる。アンモニウム態窒素は硝化菌の作用により硝酸態窒素に変化し，その過程を硝化（あるいは硝酸化成）と呼ぶ。一般に，窒素無機化速度はアンモニウム態窒素生成速度を指し，硝化速度は硝酸態窒素生成速度を指すことが多い。しかしながら，無機化されたアンモニウム態窒素は速やかに硝酸態窒素へ変化されることが多いので，アンモニウム態窒素と硝酸態窒素の合計生成速度を窒素無機化速度とする場合も多い。したがって，窒素無機化速度を示す場合には，それがアンモニウム態窒素生成速度のみに基づいているのか，アンモニウム態窒素と硝酸態窒素の合計生成速度に基づいているのかを明記することが大切である。

土壌微生物による窒素無機化および硝化速度の測定は，おもに室内培養による方法と，現地培養による方法に区分される。いずれの方法でも，一定期間の培養前後における土壌に含まれる無機態窒素の変化を分析し，その変化量を正味の窒素無機化量，硝化量とすることが多い。培養前後における土壌に含まれている無機態窒素現存量を測定するためには，土壌交換基に吸着しているアンモニウムイオンも含めて抽出するため，塩化カリウム溶液（2 mol L^{-1} を使用することが多い）で土壌を振盪，抽出するのが一般的である。

(1) 室内培養の方法

室内培養による正味窒素無機化・硝化速度を求めるためには，恒温培養器内でガラス瓶容器などに一定量の土壌を入れ，温度と土壌水分を調節した状態で

一定期間培養する。一般には 100〜250 mL 程度の容器に，10〜25g 程度の土壌を用いることが多い。いくつかの温度で測定し，温度との関係式（Q_{10} など）を求めると，実際の温度条件における速度を推定する際に役立つ。Q_{10} は温度が 10℃ 変化した際の変化率を示すパラメーターとして求められる。ここで，窒素無機化速度あるいは硝化速度を Y として培養温度との関係式を式 5.1 のように求め，式 5.2 を用いて Q_{10} を求めることができる。

$$Y = \beta_0 \cdot e^{\beta_1 \cdot T} \tag{5.1}$$

$$Q_{10} = e^{10 \cdot \beta_1} \tag{5.2}$$

β_0, β_1：温度との関係式で求められる係数，
T：培養温度

培養に際しての土壌水分については，採取時の土壌水分に保つ場合や，圃場揚水量の 60% 程度とする場合も多いが，いくつかの土壌水分で測定し，土壌水分との関係を求めることも有用である。

　培養前後の現存量の差から求めた窒素無機化・硝化速度は，土壌微生物による無機態窒素の生成と消費の結果であるので，正味の速度あるいは純速度（Net rate）と呼ばれ，「正味アンモニウム化速度」，「正味硝化速度」，「正味窒素無機化速度」などと表記する。実際には，培養期間中に土壌微生物によって生成された無機態窒素の多くは，土壌微生物によって速やかに養分として取り込まれる。したがって，正味の窒素無機化，硝化速度は，期間中における土壌微生物による生成と消費のバランスを示しており，無機態窒素の総生成量を示しているわけではない。

　土壌微生物による窒素生成・消費の総速度（Gross rate）を見積もるためには，同位体希釈法を用いることができる（Kuroiwa *et al.*, 2011 ほか）。この方法では，土壌の培養直前に窒素の安定同位体である ^{15}N をトレーサーとして添加し，培養後の各画分（アンモニウム態窒素，硝酸態窒素，有機態窒素）における安定同位体比の変化から土壌微生物による総窒素無機化・硝化速度を推定することができる（若松ら，2004 など）。

(2) 現地培養の方法：バリード・バッグ法

　フィールド環境下で培養実験を行うことにより，現地の環境をより強く反映

した窒素無機化，硝化速度を推定することができる。簡便で広く用いられている方法に，バリード・バッグ（Buried bag）法が挙げられる（Eno, 1960）。その名のとおり，土壌を袋（バッグ）に入れて土壌に埋め戻すことで培養する方法である。薄いポリエチレン袋に数10g程度の土壌を入れて培養し，現地の地温変化に対応した窒素無機化，硝化速度を推定できる。培養する土壌は新鮮土壌を用いることが一般的であり，枯死根分解の影響を避けるためにフルイなどを用いて根をあらかじめ除去するとよい。これまでの研究では，厚さ0.03～0.1 mm以下程度のポリエチレン袋を用いた培養環境において，酸素や二酸化炭素の通気性が確保され，水分変化は小さいことが確かめられている（Gordon *et al.*, 1987；高橋ら，1994など）。

(3) 現地培養の方法：シリンダー法

　土壌の構造を乱さない状態で現地培養するためには，シリンダー法（あるいはPVC法）を用いることがある。この方法はポリ塩化ビニル（PVC）チューブなどを土壌に打ち込み，そのまま一定期間放置することでチューブ内の土壌構造を乱さない状態で土壌を培養する方法である。チューブ上端はキャップ等で閉じ，降雨などの侵入を防ぐ。この方法ではチューブの打ち込みによって植物根が切断されるので，植物による養分吸収の影響を排除した環境で，土壌微生物による正味の窒素無機化・硝化速度を推定できる。一方で，切断されて土壌内に残存する植物根の分解，無機化の影響を排除することはできない。

(4) 現地培養の方法：レジンコア法

　土壌を円筒容器（コア）に入れ，上端と下端にイオン交換樹脂（レジン）を取りつけた状態で現地培養する方法である。この方法では上端部が閉じていないために降雨やリター浸透水が容器内に浸透し，容器下端から排水されるのが特徴である。そのため，現地の降雨パターンやそれによる土壌水分の変動に対応した環境下での無機化・硝化速度を調べることができる。上端に取りつけたイオン交換樹脂は，無機態窒素イオン（NH_4^+, NO_3^-）が容器内に侵入するのを防ぐ機能があり，下端に取りつけたイオン交換樹脂は容器内土壌から溶脱された無機態窒素イオンを吸着するはたらきをする。これにより，培養期間中に

土壌で生成された無機態窒素のうち、土壌内に吸着保持された量と、土壌から溶脱された量を区別して計測することが可能である（柴田ら、2010；Shibata *et al.*, 2011）。

5.6 研究事例

　北海道各地の森林生態系で観測された土壌水に含まれるイオン濃度とpHを表5.1に示す（柴田、1996）。これらはライシメーターを用いて土壌から重力排水される浸透水を観測し、その化学組成を測定したものである（無雪期間の平均値）。表5.1中にある苫小牧の2サイトでは、重力水を効率的に採集できるように低張力をかけたテンションライシメーターを用いており、その他の地点はテンションフリーライシメーターを用いて観測されたものである。土壌水のpHは4.6〜6.8と幅広い値を示し、堆積岩を母材（土壌の材料）とする地域でやや低く、超塩基性岩である蛇紋岩を母材とする地域で高い値を示している。イオン組成は植生や母材の影響でそれぞれ異なっており、蛇紋岩地域ではマグネシウムイオン濃度が高く、火山礫を母材とする苫小牧ではカルシウムイオンが優占する傾向が認められる。また、ササ植生下の土壌浸透水に含まれるイオン濃度は、同じ母材に立地するアカエゾマツ林よりも全体的に濃度が低いことがうかがえる（表5.1）。

　北海道北部の森林集水域では、年間のうちほぼ半年が積雪に覆われているため、融雪期に大量の水とともに溶存成分から土壌から溶脱することが知られている。Ozawa *et al.*（2001）は、冬期間に土壌溶液を採取する際の凍結を避けるため、テンションライシメーターの採水チューブ周囲に低温電熱ヒーターを取りつけ、積雪期や融雪期を含む土壌溶液の観測を行った。その結果、約1ヶ月程度の融雪期間における土壌からの成分溶脱は、その成分の年間溶脱量の大部分を占めていることを明らかにし、積雪寒冷地における土壌の物質収支において融雪期がとても重要であることを示している。

　一方、大気汚染が進行している森林生態系では、土壌溶液の化学組成やフラックスに対して大気からの窒素沈着による影響が大きい。たとえば、群馬県の妙義山麓のスギ人工林での観測では、深さ100cmまでの土壌溶液の陰イオン

表5.1 北海道各地の森林生態系およびササ地における土壌水（土壌浸透水・重力水）の平均pHおよびイオン濃度（μ mol$_c$ L^{-1}）

北海道大学苫小牧研究林および天塩研究林における観測データ（苫小牧：1990～1993年，天塩（蛇紋岩）：1992～1993年，天塩（堆積岩）：1994年）。柴田（1996），Shibata et al.（1995），Shibata et al.（1998）より。低張力テンションライシメーター（苫小牧），テンションフリーライシメーターによる観測。

研究林	林相	母材	層位	pH	Ca	Mg	K	Na
苫小牧	広葉樹	火山礫	O	5.5	263	95	157	121
	（天然二次林）		A	5.3	214	76	37	138
			2C	5.2	158	52	23	216
苫小牧	ストローブマツ	火山礫	O	4.9	308	133	60	147
	（人工林）		A	5.1	349	104	14	216
			2C	5.4	563	83	11	423
天塩	アカエゾマツ	蛇紋岩	O	5.1	122	452	107	731
	（天然林）		A	6.6	93	777	43	672
			Cg	6.7	128	672	35	622
天塩	ササ	蛇紋岩	O	5.5	48	133	28	172
	（天然）		A	5.9	63	151	18	189
			Cg	6.8	101	426	16	215
天塩	トドマツ	堆積岩	O	5.1	194	139	192	303
	（人工林）		A	4.6	75	98	142	418
			B	4.9	35	75	19	341
天塩	ササ	堆積岩	O	5.4	32	30	205	71
	（天然）		A	5.0	169	169	169	251
			B	4.8	119	100	47	228

研究林	林相	母材	層位	NH$_4$	HCO$_3$	Cl	NO$_3$	SO$_4$
苫小牧	広葉樹	火山礫	O	65	200	195	56	95
	（天然二次林）		A	24	86	178	31	123
			2C	4	81	184	7	154
苫小牧	ストローブマツ	火山礫	O	22	80	226	22	139
	（人工林）		A	15	103	227	31	207
			2C	29	202	540	43	308
天塩	アカエゾマツ	蛇紋岩	O	17	110	924	4	274
	（天然林）		A	15	573	629	5	234
			Cg	12	536	663	5	123
天塩	ササ	蛇紋岩	O	17	55	178	1	38
	（天然）		A	6	116	185	ND	34
			Cg	6	384	203	ND	46
天塩	トドマツ	堆積岩	O	25	194	248	2	38
	（人工林）		A	16	87	255	2	44
			B	8	84	369	1	51
天塩	ササ	堆積岩	O	27	108	300	1	36
	（天然）		A	7	72	443	1	88
			B	18	55	470	ND	56

に占める硝酸態窒素の割合が非常に大きく,根圏外への窒素溶脱フラックスは 50 kgN ha^{-1} y^{-1} 以上に達している (Wakamatsu *et al.*, 2001)。その量は大気沈着よりも多いほどで,森林流域が窒素を正味保持する能力がほぼないことを示唆している(柴田ら, 2010)。

表5.2には全国4地点の森林生態系において土壌表層に含まれる無機態窒素含有率を示す (Shibata *et al.* 2011)。これは土壌に塩化カリウム溶液を加えて抽出したもので,土壌に吸着されている無機態窒素(おもにアンモニウム態窒素)と,土壌溶液に溶存している無機態窒素(アンモニウム態窒素および硝酸態窒素)の両方の成分が含まれている。大気窒素沈着の多い草木(関東)において,硝酸態窒素の含有率が著しく高い値を示している。その他の3地点(北海道,近畿,九州)では硝酸態窒素よりもアンモニウム態窒素が優占していた。また,過去に長期間における里山の資源利用(薪炭利用など)の影響を受けている上賀茂(近畿)の森林では,土壌に含まれる無機態窒素,特に硝酸態窒素の含有率が著しく低かった(表5.2)。

それら各4地点の土壌で現地培養(レジンコア法)した際の,正味無機態窒

表5.2 全国4ケ所の森林土壌表層(0〜10 cm)に含まれる無機態窒素(アンモニウム態窒素,硝酸態窒素)の含有率と採取時の土壌含水率(Shibata *et al.*, 2011 より)

2 mol L^{-1}の塩化カリウム溶液で抽出した値。雨龍,草木,上賀茂,高隈はそれぞれ,北海道大学雨龍研究林,東京農工大学フィールドミュージアム草木,京都大学上賀茂試験地,鹿児島大学高隈演習林。各サイト内で5ヶ所から土壌を採取し,その平均値を示す。

地点(地域)	調査月	土壌含水率 (%)	アンモニウム態窒素 (mgN kg^{-1})	硝酸態窒素 (mgN kg^{-1})
雨龍(北海道)	6 月	38.4	28.7	1.03
	8 月	33.8	16.3	0.75
	10 月	36.5	13.0	0.32
草木(関東)	6 月	56.3	20.2	11.5
	8 月	55.2	17.1	12.7
	10 月	55.0	10.4	15.0
上賀茂(近畿)	6 月	24.6	12.2	0.00
	8 月	23.9	6.90	0.00
	10 月	21.6	4.30	0.00
高隈(九州)	6 月	23.9	12.0	0.17
	8 月	24.0	11.8	0.23
	10 月	25.5	8.15	0.61

素生成速度を図 5.1 に示す（Shibata *et al.* 2011 より）。採取した場所とは異なる場所で現地培養することにより，地温や降水量の変化に対して土壌微生物による窒素無機化・硝化速度がどのように応答するのかを考察することができる。図 5.1 の結果から，温度や水分環境の変化に対する反応は土壌によってそれぞれ異なることが読みとれる。たとえば，もともと窒素肥沃度の低かった上賀茂（近畿）の土壌は，環境変動に対する土壌微生物の反応が非常に小さいものと考えられた。また，地温の低い雨龍（北海道）では，冬期間において土壌微生物アンモニウム態窒素生成が高まる傾向が認められた。冬期間は低温環境で生物活性が低いため，土壌無機態窒素の変化は小さいと予想されているが，冬期間でも土壌微生物のはたらきで無機態窒素の生成（特にアンモニウム態窒素）が進行していることを示唆していた（図 5.1）。

Christopher *et al.* (2008)，Shibata *et al.* (2013)，Urakawa *et al.* (2014) による研究では，冬期間における積雪下土壌の凍結・融解サイクルが土壌微生物による窒素無機化・硝化速度に及ぼす影響に着目し，積雪除去実験や冬季の移動培養実験を行った。その結果，積雪減少による土壌の凍結・融解の増幅によって，葉・根リターおよび土壌微生物が物理的インパクトを受けることで溶存有機物の有効性が変化し，土壌微生物によるアンモニウム態窒素の生成が増加することや (Shibata *et al.*, 2013)，その応答パターンが土壌の特性によって異なることが示唆されている (Christopher *et al.*, 2008; Urakawa *et al.*, 2014)。Urakawa *et al.* (2015) は全国 39 ヶ所の森林土壌について pH (H_2O)，全炭素・全窒素濃度，正味窒素無機化・硝化速度，総窒素無機化・硝化速度を深さ 50 cm までの鉱質土壌について調べ，リター層の現存量，全炭素・全窒素濃度と共にデータペーパーとして発表している。それらのデータは JaLTER データベースよりダウンロードすることができる（http://db.cger.nies.go.jp/JaLTER/metacat/metacat/ERDP-2014-02.1.1/default, 2014 年 12 月 1 日確認）。

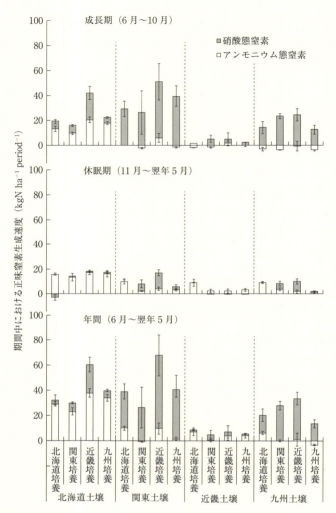

図 5.1 全国4地点の表層土壌（0～10 cm）を用いて各地点で現地培養（レジンコア法）した際の正味窒素生成速度（Shibata et al., 2011 より改図）

北海道，関東，近畿，九州はそれぞれ北海道大学雨龍研究林，東京農工大学 FM 草木，京都大学上賀茂試験地，鹿児島大学高隈演習林を示す（表5.2 と同一）。期間中に正味生成されたアンモニウム態窒素，硝酸態窒素を示す。バーは5反復の標準偏差を示す。

第6章 植生の養分吸収

6.1 はじめに

　植生は，一次生産に必要な養分を土壌から吸収する。その一部はリターフォールとして土壌へ還元され（第4章），土壌動物や微生物によって分解，無機化を経て養分として再利用される。植物による養分吸収量は樹種や土壌肥沃度などによって異なり，その量を測定することは土壌溶液の成分濃度やフラックス（第5章）に大きく影響するばかりではなく，森林集水域の養分保持や炭素固定といった生態系機能の評価にも重要である。本章では，森林生態系における植生の養分吸収の調査方法について述べる。また，地上部のみならず，地下部の細根動態に関係する養分の動きに関する方法について概説する。

6.2 植物の養分吸収量

　植物にいったん吸収された養分は，その後植物体内に蓄積されるだけではなく，リターフォールや雨水による溶脱などによって速やかに生態系内で再循環されるため，植物の養分吸収量を求めるには以下のような各構成要素に含まれる養分量を測定しなくてはならない（式6.1）。一般的にはこれらの量を1年間の単位で調べることが多い。

$$NU = LF + LC + \Delta W \tag{6.1}$$

　　NU：植物の養分吸収量，LF：リター脱落量（落葉，落枝，枯死根），
　　LC：雨水による植物体からの養分溶脱，ΔW：枝，幹，根の木部に蓄積される養分量

　ΔW はリターフォールとして脱落せずに幹，枝，根の木部に蓄積される養分量であり，森林生態系の場合は幹が占める割合が比較的大きい。幹，枝，根に含まれる養分量は，第6.3節に述べる方法を用いて各部位の成長量を求め，そ

こに含まれる養分量を $\varDelta W$ として求めることができる。

　リター脱落量（LF）は地上部からの落葉，落枝（リターフォール）のほか，地下部における枯死根が含まれる。地上部のリターフォールは，第4.2節で述べたようなリタートラップ法で調べることが一般的である。落葉樹の場合，年間ベースで葉に含まれる養分量はリターフォールとして求めることができる。常緑樹の場合，林冠部が閉鎖し，葉の量が一定である（成長と枯死がほぼ同量）と見なすことができれば，落葉樹と同様に取り扱うことができる。しかしながら，葉の量が年間ベースで正味増加しているような常緑樹の場合には，葉の平均寿命や滞留時間を用いることで，リターフォールとならずに生葉内に増加する養分を $\varDelta W$ に含めて取り扱わなくてはならない。

　リター脱落量（LF）のうち，地下部における枯死根の量を求めることは地上部のリターフォールよりも困難であり，第6.3節で述べるような方法が挙げられる。これまでの研究では，LFとして地上部のリターフォールのみを含めることも多いが，植生によっては地下部リターの枯死が無視できないほど大きいリター脱落量となることも報告されている（Fukuzawa et al., 2013）。

　森林生態系の場合，雨水による溶脱量（LC）は，林外における大気沈着量（湿性沈着と乾性沈着の合計）と，林内における雨水による物質量（林内雨と樹幹流）との差から求めることができる（大気沈着の観測方法については第2章を，林内雨と樹幹流の観測方法については第3章を参照のこと）。大気沈着量としてバルク沈着（第2.2節）を用いる場合には，バルク沈着に含まれる乾性沈着と，林冠表面への乾性沈着量が異なることに注意が必要である。一般的に，林内雨と樹幹流に含まれる乾性沈着量は，バルク沈着に含まれる沈着量よりも多く，その量は植生よって異なることが知られている（Shibata and Sakuma, 1996）。カリウムなどの成分は溶脱の割合が比較的多いため（図3.1参照），養分吸収量に占める溶脱量（LC）の割合が比較的高い（表6.1）。

　植物体各部位に含まれる養分濃度の測定では，現地で採取した植物体サンプルを乾燥，粉砕し，粉砕サンプルに含まれる成分濃度を分析することが多い。樹木の幹サンプルを採取するためには，樹木を伐倒して直接採取する方法や，立木の状態で幹の一部を抜きとる方法などがある。また，植物体を乾燥させる場合には，70℃程度の通風乾燥機を用いることが一般的であり，幹は密度が高

表6.1 北海道南西部の森林生態系（北海道大学苫小牧研究林）における養分吸収量とその構成要素（kg ha^{-1} year^{-1}）（柴田，1996 より）
（ ）内のアルファベットについては式6.1を参照（NU=LF+LC+ΔW）。リターフォールには地上部と地下部の枯死量が合計されている。両林分ともに若齢であるために木部への養分蓄積が大きい。

	カルシウム	カリウム	窒素	硫黄
落葉広葉樹（二次林）				
リターフォール（LF）	55.9	41.1	38.5	3.7
溶脱（LC）	2.6	4.3	0.0	1.0
木部の蓄積（ΔW）	54.3	12.5	24.5	1.9
養分吸収（NU）	112.8	57.9	63.0	6.6
ストローブマツ人工林（約30年生）				
リターフォール（LF）	15.6	12.5	23.8	4.0
溶脱（LC）	0.0	4.7	0.0	0.3
木部の蓄積（ΔW）	13.2	9.8	30.2	2.2
養分吸収（NU）	28.9	27.0	54.0	6.6

いために，葉や枝よりも乾燥に長い時間を要することが多い。

このようにして求めた植生の養分吸収量は，土地面積当たりの量（kg ha^{-1} あるいは kmol$_c$ ha^{-1} など）として取り扱うことが多い（表6.1）。上に説明した方法は，養分が植生内で蓄積したり，再循環したりする量を総計することで吸収量を評価しているため，実際に根から養分を吸収した瞬間での測定値ではない。したがって，養分の吸収量としての時間分解能は低く，この方法を用いた研究では年間値として養分吸収量（kg ha^{-1} year^{-1} など）を取り扱うことが多い（Shibata et al., 2001）。窒素循環に関する研究では，植生が吸収した窒素の起源や動態を推定するために，安定同位体窒素（^{15}N）をトレーサーとして用いて調べることもある（Nadelhoffer et al., 1999 など）。

6.3 植生の成長量と枯死量

(1) 毎木調査，アロメトリー式による方法

林床植生の場合には，一定面積（1～数 m^2 など）の土地区画に含まれる地上部（葉，枝，茎）と地下部（根）の植物体を全量採取し，その乾燥重量や養分濃度を測定することで，土地面積当たりのバイオマス（生体重量）や養分量を

求めることができる。一年草の場合には，最大バイオマス時における値が年間成長量であり，その年に枯死する量としてよい。樹木の場合はバイオマスが大きく，それに見合った区画の全量計測が困難であることが多い。そのため，一定の土地面積（1～数 ha など）に生育するすべての樹木の個体数，種類，サイズ（直径，樹高，枝張など）を調査（毎木調査）し，その密度やサイズ構造を以下に述べるような方法で解析することが一般的である。計測対象とする樹木サイズについては研究目的によって異なり，直径 10 cm 以上の樹木のみを対象とする場合や，直径 2 cm 程度以上のすべての樹木を対象とする場合もある。生態系全体としてのバイオマス推定を目的とした場合は，あまり小さい樹木を含めずに計測することが多く，樹木の成長，枯死，更新などの動態を調べる際にはできるだけ小さいサイズまでを計測対象とすることが多い。

　毎木調査を定期的（1～5 年間隔など）に実施することにより，個体ごとの直径や樹高の増加量を求めることができる。一般に現地における直径の測定に対して，高い樹木の樹高測定は誤差が大きいため，短い期間での成長量には直径成長のみを用いることが多い。これらの計測では直径や高さといった，植生の体サイズに関する情報を得ることはできるが，そのままではバイオマスや養分量を求めることができない。これらを得るためには，樹木個体のサイズとバイオマスの関係式（アロメトリー式）を用いる。アロメトリー式を求めるには，できるだけ多くの供試木を実際に伐倒し，そのサイズ（直径や高さ）と各部位（葉，枝，幹，根）の乾燥重量を測定し（写真 6.1），経験的な関係式を得ることが必要である（Hiura, 2005; Takagi *et al.*, 2010 など）。樹木の葉群構造の解析や，個体ごとの成長パターンなどを詳細に調べるために，伐倒した樹木の高さごとに円盤資料を採取して年輪成長のパターンを調べたり，樹高階層別に葉，枝，幹の各重量を測定したり，葉齢別や枝サイズ別に区別して調査をすることもある。

　根系のバイオマスを測定するためには，大型重機等を用いて土塊ごと根系を掘りとり，圧力式ポンプなどを用いて土壌を水で洗い流し，根系重量を測定する方法もある（写真 6.1）。このような伐倒調査では，個体全体を乾燥させて重量を測定することが技術的に困難な場合が多いので，現地では全体の新鮮重量（あるいは洗浄後の根系重量）を測定し，その一部を持ち帰って乾燥させ，その

写真 6.1　樹木の根系バイオマスを調査している様子（北海道大学天塩研究林）
根株を土壌ごと重機で掘り上げ，ポンプによる水洗によって土壌を洗い流している。

含水率を求めて全体の乾燥重量を推定するのが一般的である。

　できるだけ多くの供試木のデータをもとに作成された個体サイズと各部位バイオマスのアロメトリー式を用いることで，毎木調査で得られた各個体の部位別のバイオマスを推定することができる。また，一定期間ごとのサイズ成長量（直径成長量など）とアロメトリー式を用いて，その期間における部位別のバイオマスの変化量を求めることができる。

(2) 枯死量と細根動態

　地上部植生の枯死量については，第 4.2 節で述べたリタートラップを用いて，落葉や落枝の量を調べることができる。ただし，風倒や虫害などの理由で個体全体が枯死した量についてはリタートラップでは計測できないので，本節 (1) で述べたように一定期間後に計測した毎木調査のデータとアロメトリー式を用いて推定する必要がある。

　地下部の根系動態について，本節 (1) で述べたような伐倒調査に基づく方法では根株や粗大根の重量を評価することができるものの，成長が活発で養分吸収に重要である直径の小さい根系（細根）については正確に測定することが難しい。

　直径 2 mm あるいは 5 mm 以下程度の細い根のことを細根（Fine root）と呼ぶ。細根は太い根と比べて活性が高く，水分や養分を吸収する上で重要な役割を果たしている。細根の成長や枯死は太い根と比べて早いため，その動態を理

解することは，植物の地下部での養分や水分をめぐる競争や，土壌中での物質動態を明らかにするために重要である。

　細根の分布や量を調べるためには，土壌を掘り出して，そこに含まれる細根量を直接計測することが確実である。フルイや目視によって土壌から細根を分画し，水洗した後に，その細根のサイズ（長さ・直径など）や乾燥重量，成分濃度を調べることができる。細根を含む土壌を深さごとに分けて採取することで，細根量やサイズの深さ分布を明らかにすることができる。また，細根量と土壌密度，深さのデータを用いると，単位土地面積当たりの細根量を求めることができる。

　細根の成長量と枯死量を調べるためには，上に述べた土壌採取による細根量調査を一定期間（たとえば，数ヶ月）ごとに繰り返し調べ，その季節変化から推定することも試みられている。しかしながら，細根量の場所によるばらつきはとても大きいため，大きな攪乱をともなう土壌採取による繰り返し調査では，データ間の差異が季節性によるものなのか，空間的不均一性によるものなのかを判断することは難しいとされている。そのため，以下で紹介するイングロースコア（Ingrowth core）法やミニライゾトロン（Minirhizotron）法などを用いて細根の動態を調べることが試みられている（Fukuzawa *et al.*, 2012）。

　イングロースコア法は，細根が侵入できるよう周囲をネット状（数 mm メッシュ程度）にした容器（コア）を用い，そこに侵入した細根量を調べることで一定期間内の細根成長量を求める方法である。使用する容器の大きさに合わせて円筒状の土壌オーガーなど（たとえば写真 5.5）を用いて土壌を掘り，フルイなどを用いて土壌に含まれる根を除く。細根の含まれていない土壌をイングロースコアの容器に充塡し，再び土壌内に埋設する。根量が多い土壌の場合には，根の除去により充塡する土壌量が不足することがあるので，その際には別の場所から同じ深さの土壌を採取して用いることもある。土壌を容器の大きさに応じて掘る際に，その周りの根系を乱さないよう，できるだけ容器サイズと同じスペースで掘ることが大切である。埋設したイングロースコアと周囲の土壌との間に隙間がある場合には，同じ深さの土壌を用いて埋めておく必要がある。一定期間後に，イングロースコアを回収し，内部の土壌に侵入した細根のサイズや乾物重，成分濃度などを測定し，設置期間中の細根生産量を求める。

コアを回収する際には，側面から侵入している細根をナイフなどで切断してから回収するか，外周に土壌がついたまま土壌ごとコアを掘り上げ，回収後にコア外壁部に沿って土壌と根を切断するとよい．この方法では，成長速度に応じて1～数か月程度の時間分解能で細根生産量を調べることができる．しかしながら，コア設置時に土壌構造が乱されていることや，あらかじめ根を除去する作業により，土壌の物理環境，養分・水分環境，細根間の競争関係が自然状態とは異なってしまうという問題点が含まれる．

ミニライゾトロン法は，土壌内にアクリル製などの透明なチューブを埋設し，周囲の土壌からチューブ外周に到達した細根の変化を，チューブ内側から撮影し，その画像を用いて細根動態を解析する方法である (Fukuzawa *et al.*, 2012; Fukuzawa *et al.*, 2013, 図 6.1)．一般的には，直径約 5 cm，長さ約 2 m 程度のアクリルチューブを地面に対して 45°の角度で挿入する．挿入する前に，チューブと同じサイズとなるように円筒型のオーガーなどを用いて土壌を掘りとる必要がある．その際，周囲の土壌と根をできるだけ乱さないように注意す

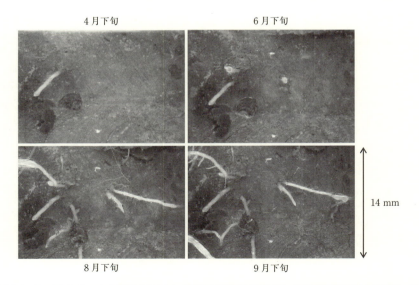

図 6.1　ミニライゾトロンで撮影された同一箇所での細根の季節変化（福澤加里部氏による撮影，北海道大学天塩研究林ミズナラーササ林，Fukuzawa *et al.*, 2007 による研究）
　　　各画像の縦の長さが 14 mm．

る。45°の角度で挿入するのは，チューブ上部の土壌を乱さずに，そこから伸びてくる細根も観察できるようにするためである。目的や研究対象によって，挿入角度を変えてもよい。チューブの内側から表面の画像を撮影する際には，毎回同じ場所で撮影できるように，小型カメラの位置を固定できる専用のロッドなどを使用すると便利である。それによって，細根動態の深さ方向の変化を継時的に計測することが可能である。この方法では周囲の土壌からチューブ外壁に細根が伸長し，チューブ表面に細根が沿うまで観測開始を待たなくてはならない。チューブ埋設時の土壌攪乱が大きいので，観測開始まで数ヶ月～1年程度かかることもある（Fukuzawa *et al.*, 2007）。ミニライゾトロン法では撮影される画像の面積が小さいので，対象とする樹木までの距離や，林分内での空間的不均一性を考慮に入れて，十分な反復を設定することが重要である。

　ミニライゾトロンチューブ内で同じ場所で繰り返し画像を撮影し，その変化を調べると，新たな細根の出現や伸長量を求められる。また，細根の消失や色の変化から，枯死・分解量を推定することができる。ただし，この方法で直接得られる情報は，細根の長さや幅といった二次元のデータである。したがって，細根の重量としての成長量や枯死量を推定するためには，上で述べたような土壌と細根の直接採取によって得られたデータから，長さと重量の関係（アロメトリー）を用いて計算する必要がある。

　ミニライゾトロン法は細根の画像解析に基づいているので，画像の解像度に応じて微細な根のサイズ変化や消長を計測することが可能である。しかしながら，信頼性のあるデータを得るためには膨大な数の画像解析をしなくてはならないのが欠点の1つである。細根の画像解析の専用ソフトもいくつか開発されているものの，ある程度の自動化を含む，さらなる技術開発が必要であろう（Nakaji *et al.*, 2008 など）。

6.4　研究事例

　北海道南西部に位置する北海道大学苫小牧研究林で実施された研究では，同一気候下で同じ土壌に立地する森林生態系において，植生タイプが違うと養分吸収量が大きく異なっていた。落葉広葉樹林（二次林：ミズナラ，イタヤカエ

デなど）におけるカルシウム，マグネシウム，カリウムなどの吸収量は常緑針葉樹人工林（ストローブマツ林）よりも多く（表6.1），そのことが落葉広葉樹林の林冠部やリター層における高い酸性雨中和能力を維持していた（Shibata et al., 1995; Shibata and Sakuma, 1996; Shibata et al., 1998）。

大気汚染によって大気からの窒素沈着量が増加すると，森林生態系内の窒素循環も高まり，その一部は土壌から地下水・河川水へと溶脱することが知られている。たとえば，群馬県妙義山麓のスギ林では大気から約 30 kgN ha^{-1} year^{-1} の窒素沈着が観測されており，スギ植生による窒素吸収は約 66 kgN ha^{-1} year^{-1} に達していた（Wakamatsu et al., 2001）。

一定面積における植生のバイオマスや物質蓄積量をより正確に測定するためには，植物の個体サイズとバイオマスの関係式（アロメトリー式）をより正確に求める必要がある。Takagi et al. (2010) は北海道北部の冷温帯針広混交林における主要樹種数個体を伐倒調査し，植生各部位（地上部・地下部）のバイオマスと胸高直径との関係式を明らかにしている（表6.2）。また，植生各部位の炭素，窒素含有率および炭素／窒素比を表6.3に示す。炭素含有率はほぼ50%付近の値で一定しているのに対し，窒素含有率は植生，部位によって大きく異なっている。窒素含有率は葉で高く，幹や根で高い傾向にあった。また，トドマツの窒素含有率は全体的にミズナラ，ダケカンバよりも低い値を示していた（表6.3）。

表6.2 北海道北部の天然性針広混交林（北海道大学天塩研究林）における天然木と植栽木のアロメトリー式（Aguilos et al., 2014 より抜粋，各調査データの一部は Takagi et al., 2010 に掲載されている）

表中の値は，lnY＝alnX＋b の係数をそれぞれ示す。Y：地下部を含む個体全体の乾物重量（kg），X：胸高直径（cm）。

Y (kg)	a	b	調査対象
天然木	2.250（±0.084）	−1.427（±1.928）	ダケカンバ（7個体） ミズナラ（7個体） トドマツ（8個体） 胸高直径 3.8～55 cm
植栽木	2.197（±0.069）	−2.698（±0.187）	カラマツ（14個体） 植栽後 7 年 樹高 2.7～6.8 m

表 6.3 北海道北部の天然性針広混交林（北海道大学天塩研究林）におけるダケカンバ，ミズナラ，トドマツの植生各部位における炭素，窒素含有率および炭素／窒素比（Takagi et al., 2010 より）

（　）内の数値は標準偏差を示す。

部位	項目	ダケカンバ	ミズナラ	トドマツ
葉	炭素（%）	46.0 (0.3)	46.2 (1.8)	52.7 (1.0)
	窒素（%）	1.81 (0.23)	2.26 (0.31)	1.36 (0.13)
	炭素／窒素比	25.8 (3.3)	20.7 (2.5)	39.1 (3.6)
	試料数	12	8	27
枝	炭素（%）	47.4 (1.0)	47.9 (1.0)	49.7 (2.0)
	窒素（%）	1.01 (0.67)	0.58 (0.17)	0.54 (0.31)
	炭素／窒素比	69.0 (41.8)	89.9 (28.5)	117 (59.4)
	試料数	12	26	27
幹	炭素（%）	46.6 (0.6)	48.1 (1.0)	48.9 (1.4)
	窒素（%）	0.51 (0.25)	0.39 (0.13)	0.24 (0.15)
	炭素／窒素比	108 (35.6)	137 (48.4)	317 (303)
	試料数	13	7	27
根系（細根を除く）	炭素（%）	47.2 (1.4)	46.7 (0.7)	49.4 (1.2)
	窒素（%）	0.77 (0.33)	0.45 (0.15)	0.43 (0.26)
	炭素／窒素比	71.1 (27.2)	118 (59.4)	194 (182)
	試料数	12	10	27

　Fukuzawa et al.（2007）は北海道北部の天然性ミズナラ−ササ生態系（北海道大学天塩研究林）において，ミニライゾトロンを用いて細根の動態（成長，枯死速度）を調べた。直径 2 mm 以下の細根成長速度は 5〜8 月の成長期で高い傾向を示したのに対し，枯死速度は 9 月〜翌年 4 月の休眠期に高まり（表 6.4），細根の成長と枯死の回転速度は，それぞれ 1.7，1.1 year^{-1} であった（Fukuzawa et al., 2007）。また，この生態系では林床植生としてクマイザサが密生し，ミズナラの密度がやや低い（450 本 ha^{-1}）ため，60 cm の深さまでの土壌に含まれる細根バイオマス 774 g m^{-2} に対して，その 71% がササの細根で占められていた。

表 6.4　北海道北部の天然性ミズナラーササ生態系における細根（直径 2 mm 以下）の成長と枯死速度（Fukuzawa et al., 2007 より）

ミニライゾトロンで撮影された画像面積当たりの細根の長さについて，期間当たりの速度（mm cm^{-2} period^{-1}）として示している。（　）内の値はそれぞれ年間速度に対する割合（%）を示す。

期間	成長速度	枯死速度
成長期（5〜8月）	8.2（62）	2.7（36）
休眠期（9〜4月）	5.0（38）	4.8（64）
年間	13.2	7.5

第7章 森林河川水質

7.1 はじめに

　集水域生態系では，大気や鉱物風化による物質流入と，植生―土壌―微生物系内での物質循環の作用を受けて，河川の水質が形成される。また，水質成分の挙動には水の動きが影響するので，集水域における水文過程と水質形成には密接な関係がある。

　したがって河川水質を調べることで，集水域生態系の物質循環全体の特徴を大まかに把握することができる。たとえば，日本列島各地における森林源流域の河川水質を1年間にわたって比較した例では，関東周辺の森林河川の硝酸態窒素濃度が著しく高い傾向を示しており，それらの地域では大気沈着としてもたらされた窒素成分が集水域生態系の物質循環過程で十分に保持されず，過剰となった窒素が河川水に流出していると考察された（Shibata et al., 2001）。同様に，米国北東部の湖沼や河川水質の多地点比較した例では，大気窒素沈着の増加によって集水域の河川水や湖沼水の硝酸態窒素濃度が上昇することが観測されている（Aber et al., 2003）。また，森林集水域から流出する渓流水の硝酸態窒素濃度の経年変化を比較解析した Mitchell et al. (1996) は，例年と比較して極端に積雪量が少ない年には土壌凍結・融解の影響でその翌年における土壌から渓流水への硝酸態窒素溶脱が増加することを示している。このように河川水質は，森林集水域の物質循環を診断する環境指標として広く調査されている。

　本章では河川水の水質を調べる方法として，現地での採水，濾過・保管，流量の観測，河川流路近傍に位置する河畔帯での水質観測等について述べる。

7.2　河川水の採取

　水質分析をするための試料採取に際しては，事前に十分洗浄した採取容器を使用しなくてはならない。一般に脱イオン水や蒸留水で洗浄することが多い。溶存有機物の詳しい特性などを調べる場合には，あらかじめ強酸（塩酸など）で洗浄した容器を使用することもある。採水にはポリエチレン容器を用いることが多く，超純水で事前に洗浄されたボトルや，事前に紫外線で滅菌した専用ボトルなども販売されている。

　試料を採取する際には，その河川水で容器内部をよく洗浄することが大切である。この作業のことを共洗いと呼ぶ。採取する容器に河川水を約半量入れ，フタをしてよく振り混ぜることで共洗いをする。少なくとも3回程度の共洗いを繰り返すとよい。河川水の採取は，流路内で十分に水の流れがある場所で採取する必要がある。なぜならば，淵などで水の流れが停滞している場所では，その場所での水質変化の影響を受けている可能性があり，集水域全体の平均的な水質を反映していないおそれがあるからである。また，後述するような流量観測用の量水堰がある場合には，それらの構造物による水質変化の影響を避けるために，その上流側で採水するとよい。

　河川流路内で水の流れがある地点に直接アクセスできないような大きい河川の場合には，橋の上からロープにつないだ採水バケツを用いて採取することもある。この際も採水バケツは事前にきちんと洗浄したものを用い，上述の採水ボトルと同様に河川水で十分に共洗いしてから採水しなければならない。また，採水時にはロープを伝った水が採水バケツに入ることでサンプルを汚染しないよう注意し，ロープをバケツの側部に結びつけるなどの工夫が必要がある。

　より広くて深い河川の場合には，流路の表面と内部では水質成分に違いがある可能性もある。その際には，河川水中でフタを閉めることができる採水器（たとえばバンドーン採水器など）を用いて中層からの水を複数個所で採水することもある。これらの採水器はいくつかの種類があるので，採水器の特性を理解して使い分けることが大切である。

　河川水質は流量の変化を受けて変動することが知られているため，研究目的に応じて採水時期を決めなくてはならない。たとえば，平水時（流量が安定し

ている時期）の水質を調べたいのか，出水時における水質変動を調べたいのかによって，採水のタイミングや間隔は大きく異なる．流量変動における河川水質の変動は大きいので，その変化に応じてより短い間隔で採水する必要がある．電動ポンプが内蔵されている自動採水器（オートサンプラー）を用いて一定の時間間隔で自動的に河川水を採取し，専用ボトルに保管できる装置を用いることもできる．また，降雨センサーや水位センサーが接続されていて，先行する降雨量や河川水位の上昇を感知し，設定内容に応じて採水を開始できるオートサンプラーも市販されている．一部の関連項目（電気伝導率，濁度，水温など）についてはセンサーとデータ記録装置（データロガー）を用いて連続的に観測することが可能である．

7.3 濾 過

採水した河川水試料には，溶存成分のほかに粒子状物質や微生物などが含まれており，そのままの状態で保管しておくと溶存成分濃度が変化してしまうおそれがある．たとえば，溶存成分が粒子状物質に吸着される，微生物に吸収されることで濃度が低下する，粒子状物質から成分が溶解する，微生物によって有機成分が無機成分へ変化する場合など，さまざまな変化が考えられる．

そのため，研究の目的に応じて，できるだけ速やかに濾過をすることが一般的である．イオン濃度，溶存有機物などを対象とする場合には，捕捉粒子の孔径が $0.7\,\mu m$ のガラス繊維濾紙（GF/F）を使用することが多い．ただし，ガラス繊維濾紙はケイ酸成分の水質分析用には不向きである．使用する前には，ガラス繊維濾紙に付着している有機物を除去するために，電気炉（マッフル炉）を用い $420\sim450℃$ で数時間加熱し，その後に放冷・保管したものを使用するとよい．イオン濃度の分析用に粒子やバクテリアをできるだけ除去するためには，孔径が $0.2\,\mu m$ 程度のメンブレンフィルターなどを用いる．

ガラス繊維濾紙やメンブレンフィルターで河川水試料を濾過する際には，吸引ポンプやアスピレーターを用いて吸引濾過をする．現地で作業する場合には，手動式のポンプを用いて吸引濾過する方法や，シリンジフィルターを用いて濾過をする方法がある．いずれの場合も，濾過する河川水試料で濾紙および

使用する容器類を十分に共洗いすることが大切である。

一方，pHについては河川水に含まれている炭酸イオン類の影響を受けているため，吸引濾過の過程で脱炭酸が生じたりすることでpHが変化してしまうおそれがある。そのため，河川水のみならず天然水試料のpH測定をする場合には，濾過処理を行わずに直接測定する方が望ましい。

また，河川水に含まれる粒子成分の濃度や物質濃度を測定する場合は，あらかじめ乾燥重量を測定してあるガラス繊維濾紙等を用いて一定量の河川水試料を濾過し，濾紙上に捕捉された粒子成分を濾紙ごと乾燥させて重量を測定する。濾紙の重さを差し引いた後に，その乾燥重量を濾過した水量で割ることによって，水量当たりの濃度（$mg\,L^{-1}$など）を求めることができる。粒子成分の化学成分濃度を分析するためには，濾紙上に捕捉された粒子成分を用いて機器分析に供するとよい。

7.4 試料の保管

輸送・保管中の水質変化を防ぐためには試料を冷蔵，冷凍保管することが一般的である。現地で採取した河川水を実験室へ持ち帰る際には，クーラーボックスなどを使用して低温状態で輸送する。凍結試料をその後の処理や分析のために融解して使用する場合には，融解した一部の試料を用いるのではなく，すべての試料を完全に融解してから使用しなくてはならない（融解部分と凍結部分では濃度に違いがあるため）。

また，採水した試料に薬品（塩酸など）を速やかに添加し，採取後の微生物反応や沈殿による水質変化をできるだけ防ぐという方法もある。溶存有機物の特性を分析しようとする場合には，光分解の影響を避けるために褐色瓶などに保管するとよい。また，水の同位体（酸素・水素）を分析する場合には蒸発の影響を防ぐためにガラス瓶に保管し，容器内に空気が入っていない状態で密栓する必要がある。

おもな化学分析の方法については第8章で述べる。

7.5 流量の観測

集水域から河川を通じた物質流出量を求めるためには，溶存成分濃度と河川流量を調べる。河川水は常に流れ，時間変化が大きいことが多く，その量を正確に測定することは容易ではない。

一般的には水位センサーを用いて河川の水位を連続測定し，別に計測された水位と流量の関係式を用いて流量を算出することが多い。水位や流量の観測は流路が比較的安定している場所で行うのが望ましい。森林小集水域では，水位の変動をより精密に測定するために，Ｖノッチ式の量水堰を設置し（写真7.1），堰内の水位を圧力式あるいはフロート式水位計によって連続的（10分間隔など）に測定し，そのデータをデータ収録装置（データロガー）を用いて自動的に記録することが多い。冬期間に流路が積雪で覆われてしまう地域では，量水堰に屋根をつけてその上に積雪を溜めることで，測定部分の河川水の凍結を防ぐような工夫が必要となる。

水位と流量の関係を求める方法は，河川規模によってそれぞれ異なる。森林源流域など小さい渓流で，Ｖノッチ式の量水堰がある場合には，一定時間内に堰から流れ出る河川水をプラスチック容器やビニル袋などで測定し，流量を算出する（$m^3 s^{-1}$）。ある程度の幅と深さがある流路の場合には，電磁流速計やプ

写真7.1 90°Ｖノッチ式量水堰（北海道大学天塩研究林内の CC-LaG 流域）
Ｖノッチの角度は河川規模や流量によって異なる。ここでは量水堰の下にネットをつけた箱を置くことで，流下してくる粗大リター量も計測している。

写真 7.2　電磁流速計を用いて河川流量を調査している様子（北海道大学雨龍研究林内の泥川集水域）

ロペラ式流速計を用いて，流路内の平均的な流速（$m\ s^{-1}$）を計測する．それと同時に，流路の幅と深さを計測して流路の断面積（幅×深さ）（m^2）を測定し，流速と断面積を乗じて流量を求める（写真 7.2）．流路幅が広い場合には，複数地点で流速を測定しなくてはならない．いずれの場合でも，流速や流量の計測は複数回行い，その平均値を用いることが一般的である．それらの計測を，水位の異なる時期に複数回繰り返し，水位と流速の関係式を求める．また，Vノッチ型の量水堰や，全幅堰の形状から，水位と流量の関係を算出する方法もある（詳しくは，志水（1999）などを参照されたい）．

7.6　河畔帯，ハイポリック・ゾーンでの観測

　北海道の森林など，比較的地形が緩やかな森林集水域の河川流路の近傍には河畔帯（Riparian zone）と呼ばれる湿潤な地域が存在する．河畔帯における飽和地下水位は一般に浅く，土壌内の酸素が不足して還元状態が進行する．そのような嫌気的な土壌環境では土壌微生物による還元反応が進行し，一酸化二窒素（N_2O）やメタン（CH_4）などのガスが発生する．N_2O や CH_4 は CO_2 とならんで温暖化効果ガスとして知られている．

　N_2O は土壌内での硝化および脱窒過程で生じており，嫌気的な河畔帯土壌では脱窒過程の方が優先的である．河畔帯での脱窒過程は硝酸態窒素を除去する

プロセスであるため，集水域から河川への硝酸態窒素の溶脱を軽減するはたらきとして重要である。したがって，河川水質の変動パターンとそのメカニズムを理解するために，河畔帯の地下部における水質を調べ，河畔植生や土壌微生物とのかかわりを調べることも有用である。

河畔域の地下部に存在している飽和地下水の水質を調べるためには，第5.3節で述べたような土壌水・土壌溶液を採取するためのライシメーターを使用することができる。しかしながら，石礫などが多く含まれている河畔帯ではライシメーターの挿入は容易ではない，そのような地域で飽和地下水が卓越している場所では，周囲に穴をあけた塩化ビニル製のパイプを垂直に打ち込み，パイプ内に流れてくる地下水を採水ポンプ等を用いて採取する。この方法は河畔帯以外でも，飽和地下水が存在している森林集水域内の斜面土壌等でも用いることができる。パイプ内の表面水位を測定することで，どのくらいの深さに地下水位が存在しているのかを把握できる。また，複数地点での地下水位を水平方向で比較することで，飽和地下水位が水平方向に対してどちらに流れているのかの推定が可能である（地下水位の高い方から低い方へ流れる）。

河川流路の近傍には，河川水と地下水が交じり合っているハイポリック・ゾーン（Hyporheic zone：間隙水域と訳することもある）と呼ばれる地帯が存在する（Jones and Mulholland, 2000）。ハイポリック・ゾーンは，河畔帯の中でも河川流路により近い地域や，河床下の地下部に存在することが多く，その規模や分布は河川流路内外の微地形や，それらを構成する石礫や土砂の構造によって異なる。嫌気的な環境下にある飽和地下水と，溶存酸素が豊富な河川水が混在するハイポリック・ゾーンでは，特有な生物地球化学過程が生じると考えられている。陸と河川の相互作用を理解するためにも，ハイポリック・ゾーンはダイナミックな反応が生じる重要な境界域として研究が進められている（Shibata *et al.*, 2004 ほか）。

河畔帯やハイポリック・ゾーンでの飽和地下水の水質を調べるためには，観測パイプ内に溜まった水をポンプあるいは小型のヒシャクのようなものを用いて試水を採取するとよい。ただし，流れが少ない地下水帯においてはパイプ内で水質が変化している可能性があるため，サンプリングの前にパイプ内の水を排出し，その後に集まった新鮮な地下水を採取するのが望ましい。

7.7 研究事例

　北海道北部では，冬の間に降り積もった雪が春先の融雪期に一気に河川に流れ込む。そのため，融雪出水にともなって森林流水域の河川水質が大きく変動することが知られている（柴田ら，2002；Park et al., 2010）。融雪出水が始まるごく初期には河川水の電気伝導度が高まり，溶存イオン濃度が上昇する（図7.1）。これには積雪や土壌に含まれる成分の溶脱が関与していると考えられている。やがて融雪が進むと溶存成分濃度の低い融雪水の希釈の影響により，河川水の成分濃度は低下する傾向が認められる。北欧などではこの融雪時期に河川水のpHが低下し，酸性化した降雪，融雪水による河川水・湖沼水の一時的な酸性化が報告されてきた（Loudoun et al., 2004）。図7.1に示した北海道北

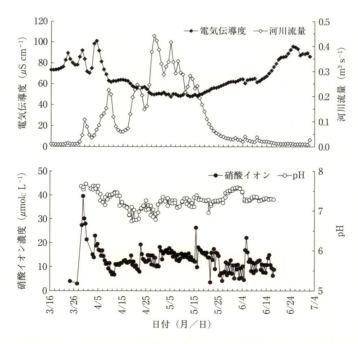

図7.1　北海道北部の天然林集水域（北海道大学雨龍研究林M1実験流域）における融雪出水時の河川流量，電気伝導度，河川水pHおよび硝酸イオン濃度の経時変動（柴田ら，2002より改図）
　　　河川流量と水位は連続データの日平均値。pHおよび硝酸イオン濃度はオートサンプラーを用いて原則として1日2回採水した際の瞬時値を示す。

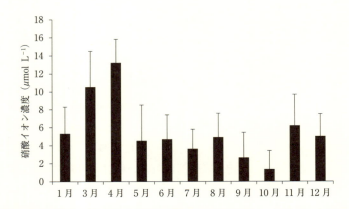

図7.2 北海道北部の森林集水域(北海道大学雨龍研究林泥川流域)における河川水に含まれる硝酸イオン濃度の季節変化(Xu and Shibata 未発表データ)
それぞれ15地点の平均値を示し,バーはその標準偏差を示す。集水域の情報はOgawa et al., (2006)を参照のこと。2月は厳冬期でありデータが欠測している。

部の森林集水域では,融雪期においても河川水のpH低下は少なく,集水域の土壌や母岩が降雪によってもたらされた酸を十分に中和する能力があることを示している(柴田ら,2002)。冬期間の長い北海道北部の森林集水域では,年間を通じた河川水質の変動は,融雪時期の流量変動の影響を大きく受けている(図7.2)。これらの地域では森林河川水の硝酸態窒素濃度は融雪初期,盛夏期および秋季の降雨出水時に高まる傾向があり(図7.2),森林生態系からの窒素流出が集水域の水文プロセスの影響を強く受けていることを示している(Katsuyama et al., 2009)。

森林集水域から河川に流れ出る硝酸態窒素濃度は,同一気候,地質条件下でも一本一本の河川で異なることが多い。北海道北部の森林集水域では,集水域間での河川水の硝酸態窒素濃度と溶存有機炭素濃度の違いが,集水面積と流域傾斜によって説明されている(Ogawa et al., 2006;柴田ら,2010)。集水域がより広くて傾斜が緩やかな河川では,河川近傍に広がる河畔帯での嫌気性土壌微生物による脱窒反応や,河畔植物による養分吸収の影響で,硝酸態窒素濃度が低くなると同時に,河畔帯の嫌気性土壌から溶出する溶存有機物の影響で,溶存有機炭素濃度が高まる傾向にあった。一方で,集水面積が小さく,傾斜が急な集水域では,土壌から比較的速やかに硝酸態窒素が溶脱する傾向にあると考

えられた（Ogawa *et al.*, 2006）。この研究では集水域の地形構造を数値化し解析するために，地理情報システム（GIS）と国土数値情報による標高データ（DEM）を有効に活用している。

また，Shibata *et al.* (2004) は森林河川近傍のハイポリック・ゾーンにおける地下水と河川水の溶存窒素濃度分布やフローを調査し，地下水の酸化・還元状態の空間配置によって溶存する窒素の形態が異なることを示した。

流域間あるいは地域間などのより広いスケールでは，気候や地質とならんで，大気からの窒素沈着等の影響によって河川水質の違いが認められている（戸田ら，2000；Shibata *et al.*, 2001b）。関東周辺域の森林源流域では大気からの窒素沈着量が多く（Wakamatsu *et al.*, 2001），他の地域と比べて河川水の硝酸態窒素が高い傾向が認められている。また，国際間の比較においては，アジアモンスーン特有の降水パターンの季節性の影響により，日本の盛夏期出水時においては土壌微生物による硝化活性の高まりと流量増加が時期的に重なることで，盛夏期に河川水の硝酸態窒素濃度が高まる特徴があると議論されている（Ohte *et al.*, 2001）。

第8章 化学分析の方法

8.1 はじめに

　前章までは森林集水域での物質循環について，それぞれのサンプル採取ならびに関連する観測手法について述べてきた。サンプルに含まれる化学成分の濃度を知るためには，実験室においてさまざまな機器分析を行う必要がある。ここでは，主要な化学成分に関して一般的に用いられている化学分析の方法や機器，その特徴について概説する。すべての化学分析において，その測定原理を正しく理解し，機器が表示している数値が確かであるかどうか，精度は十分であるかどうかを理解しておくことが大切である。実験室内での汚染を最小限に避け，事前事後のメンテナンスを心がけ，機器を清浄な状態で維持する配慮が必要であることはいうまでもない。土壌，植物，水の化学分析法について詳しいことは，土壌環境分析法編集委員会（1997），植物影響実験法編集委員会（1990），日本分析化学会北海道支部（1994）などをそれぞれ参照されたい。

8.2　pH・電気伝導度

　水溶液（雨水，土壌水，河川水など）のpHはガラス電極法で測定するのが一般的である。サンプルに電極を直接挿入し，pH値が出力されるpHメーターを用いることが多い。ガラス電極内には塩化カリウム溶液が入っており，ガラス電極と参照電極の起電力差からpHを算出している。したがって，イオン濃度が非常に低い天然試料の場合には，pH測定用のサンプルとイオン濃度分析用のサンプルは別にするのが望ましい。

　あらかじめpHのわかっている標準溶液2種（25℃でpH 6.86の中性リン酸塩標準液と，pH 4.01のフタル酸標準液を使用することが多い）を用いて，2点

での校正を行うことが一般的である．毎回の測定前に校正を行うことにより，正確な pH 値を得ることができる．1 日に何回も測定するような場合には，一連の測定の前に校正すれば，その日のうちは校正を繰り返す必要はない．

　ガラス電極は割れやすく，その取り扱いには十分な注意が必要である．不意の破損を避けるために電極先端に専用のプラスチックカバーを用いる場合もある．

　また，一般にイオン濃度が低く，pH が中性付近の値である天然試料（河川水など）の場合，pH 測定時に試水を振盪すると pH がなかなか安定せずに，やや低めの値を示すことが多い．そのため，それらの試料の場合には電極を挿入し，少し振り混ぜた後は静置し，pH 値が安定してから値を読みとるとよい．

　水溶液中の電気伝導度（あるいは電気導電率）は一定距離にある電極間の電気抵抗を測定し，その逆数として値を出力する電気伝導度計（EC メーター）を用いるのが一般的である（単位は $mS\ m^{-1}$ あるいは $\mu S\ cm^{-1}$ など）．pH メーターと同様に，あらかじめ EC のわかっている標準液を用いて 1 点校正するのが一般的である．

　水溶液の pH および電気伝導度はその温度によって変化するので，温度校正機能つきの pH メーター，EC メーターを用いるとよい．また，現地で測定できる携帯型のものも多く，湖や湖沼，大きな河川などで電極を水中に投げ込んで測定できるタイプも使用されている．

8.3　陽イオン・陰イオン

　多くの天然水には複数の陽イオン（カチオン），陰イオン（アニオン）が含まれている．イオンごとに，各種の試薬によって発色する原理に基づく比色分析などが開発されているが，方法によっては分析精度が十分ではなかったり，共存する妨害成分の影響を受けてしまうなどの欠点がある．天然水試料に含まれる複数の主要イオン濃度を精密に分析するためには，イオンクロマトグラフ法が広く用いられている．イオンクロマトグラフィーと呼ばれる分析機器（写真 8.1）には，イオン交換カラムと検出器が内蔵されている．イオン交換カラムには陰イオン用と陽イオン用があり，対象とするイオン種によって使い分ける必

写真 8.1　イオンクロマトグラフィー（北海道大学森林圏ステーション北管理部）
天然水試料に含まれる主要な陽イオン，陰イオンの濃度を同時分析することができる。右側にあるのが試料を自動的に注入できるオートサンプラー。

要がある。

　森林集水域の物質循環研究で最も一般的に使用されているのは，陰イオン用カラムでは塩化物イオン，亜硝酸イオン，硝酸イオン，リン酸イオン，硫酸イオンが分析できるタイプである。このうち，亜硝酸イオン，リン酸イオンは天然水中の濃度が一般に低く，イオンクロマトグラフィーの検出限界以下である場合が多い。また，陽イオン用カラムではカリウムイオン，ナトリウムイオン，アンモニウムイオン，カルシウムイオン，マグネシウムイオンを対象とすることが多い。アンモニウムイオンの検出能力は一般的にやや低い。

　イオンクロマトグラフィーは液体クロマトグラフィーの一種であり，サンプルに含まれた複数のイオンが，溶離液（あるいは溶媒）と一緒に交換カラムを通過する際にイオンごとに分離されるので，カラム末端でイオンごとに分けて検出できることが特徴である。検出器には電気伝導度計が用いられていることが多く，あらかじめ濃度がわかっている標準物質との比較から濃度を定量することができる。使用するイオン交換カラムに応じて，検出器や使用する試薬が異なる。妨害物質を除去するためのプレカラムや，検出限界濃度をより低くするためのサプレッサー（バックグラウンドの電気伝導度レベルを下げる機能がある）を備えている機器もあり，分析精度を高めるためのさまざまな技術が開発されている。1回の分析には20〜30分程度かかることが多く，複数サンプル

を自動的に注入するためのオートサンプラーを用いると，多数のサンプルを比較的容易に分析することができる。

　使用頻度が増すとカラムは徐々に劣化し，イオン間でのピークの分離が悪くなったり，目詰まりによるカラム内圧力が上昇することで液漏れを生じたり，ベースラインが安定しないなどの支障が出てくる。その場合にはカラムを再生したり，交換したりする必要がある。

　以降で述べる多くの分析も同じであるが，濃度の定量は標準物質との比較に基づいている。イオンクロマトグラフィーの場合には，各イオンピークの面積（出力データの波形とベースラインで囲まれた面積）を用いて，濃度のわかっている標準物質の面積との比率からサンプルの濃度を定量することが一般的である。したがって，標準物質の濃度の正確さが，分析結果の正確さに直接影響することに注意が必要である。また，機器への注入液量もピーク面積に直接関係するので，オートサンプラーを用いる場合は正確な注入液量を繰り返しているかどうかを確認することが大切である。したがって，多数のサンプルを分析する際には，一定の間隔ごとに標準物質を分析するなどして，分析精度を確認しながら進めるとよい。

　イオンクロマトグラフィーは降水，土壌水，地下水，河川水などの天然試料のイオン濃度分析にはたいへん有用で，広く用いられている。一方で，土壌の塩化カリウム抽出液や植物体試料の酸分解溶液など，溶媒や抽出液として高濃度の塩や酸を用いている試料を扱うことはできない。

8.4　溶存窒素・リン

　天然水試料，土壌抽出液（塩化カリウム）などの溶液試料に含まれる溶存窒素，リン濃度を測定するため，フローインジェクションあるいはオートアナライザー（もともとは「流れ分析装置」を示す商品名であるが，一般的に広く用いられている呼称）を用いることが多い。これは無機態窒素（アンモニウム態窒素，亜硝酸態窒素）とリン酸態リン等の比色分析を自動的に行う機器である。比色分析とは，ある発色試薬を加えることで特定の物質を発色させ，その色の濃さを分光光度計で測定し，標準物質の値と比較することでその濃度を定量す

る方法である。多くのオートアナライザーでは，アンモニウム態窒素にはインドフェノール青法，亜硝酸態窒素にはジアゾ化法，リン酸態リンにはモリブデン酸法を用いている。硝酸態窒素を定量するためには，カドミウムカラムあるいは硫酸ヒドラジン等を用いて硝酸を亜硝酸へ還元してから分析し，亜硝酸と硝酸の合計濃度として定量する。そして，試水を還元せずに分析することで亜硝酸のみの濃度を別に定量し，その差から硝酸態窒素の濃度を算出することが多い。

$$TN = PTN + DTN \tag{8.1}$$
$$DTN = DON + DIN \tag{8.2}$$
$$DIN = NH_4^+ + NO_2^- + NO_3^- \tag{8.3}$$

TN：全窒素（Total nitrogen），PTN：粒子状全窒素（Particulate total nitrogen），

DTN：溶存全窒素（Dissolved total nitrogen），DON：溶存有機態窒素（Dissolved organic nitrogen），DIN：溶存無機態窒素（Dissolved inorganic nitrogen），

NH_4^+：アンモニウムイオン，NO_2^-：亜硝酸イオン，NO_3^-：硝酸イオン

※天然水中の亜硝酸イオンは一般的に濃度が低い

オートアナライザーはサンプルや試薬の分注，混合，比色定量，データ解析を自動化したものなので，一定量のサンプルと試薬が分析ライン内で自動的に混合され，一定時間経過した後に，ライン末端に取りつけられている分光高度計（あるいは分光高度セル）で特定波長の吸光度が測定される。繰り返し使用によりカドミウムカラムが劣化すると，硝酸態窒素が十分に亜硝酸態窒素に還元されないため，標準物質などを用いて分析前にカラムの還元力をチェックすることが大切である。分光高度セルおよび分析ライン（送液チューブ）の汚れも分析精度や繰り返し精度を低下させる原因となる。

濃度がわかっている標準物質による検量線作成には複数の標準試料を用い，その濃度レンジがサンプルの濃度レンジをカバーするように設定するとよい。

オートアナライザーを用いて溶液中の全窒素，全リン濃度を定量するためには，ペルオキソ二硫酸カリウム溶液等の分解試薬を用いて，全窒素，全リンをそれぞれ無機態窒素，無機態リンへと分解（湿式分解）する必要がある。分解槽における湿式分解処理を比色分析前に自動的に行い，全窒素，全リン濃度を自動的に分析できるタイプのオートアナライザーも利用されている。溶存全窒

素（リン）と溶存無機態窒素（リン）の濃度差から溶存有機態窒素（リン）濃度を算出することができる（式8.2）。

8.5 溶存金属成分

　溶液に含まれる金属成分濃度の分析には，原子吸光光度計，炎光（フレーム）光度計，プラズマ発光分析計（ICP-AEC），プラズマ質量分析計（ICP-MS）などを用いる。原子吸光光度計は，高温で基底状態の原子蒸気層に特定の波長の光を照射するとその光が原子に吸収されることを利用して定量する方法である。フレーム光度法は，励起状態の原子が基底状態に戻る時に放出される特定波長の光強度を測定する方法である（日本分析化学会北海道支部1994）。ICP発光分析法はアルゴンプラズマ中に試料を噴霧し，励起状態の原子が基準状態に戻る時に放出される特定波長の光を分光器で測定する方法である。また，誘導結合プラズマをイオン源として利用し，励起したイオンを質量分析計で測定することでより低濃度レベルでの定量が可能であるのがICP-MSである。

　元素ごとに測定波長を個別に設定して順次分析するタイプや，多波長を同時に短時間で分析できる機器などがあり，オートサンプラーを用いることで多量のサンプルを比較的短時間で分析することが可能である。

　森林集水域の物質循環研究では天然水試料に含まれるカルシウム，マグネシウム，カリウム，ナトリウム，ケイ素，アルミニウム，鉄などのほかに，マンガン，銅，ニッケルなどの微量金属元素を分析することもある。ICP-MSは他の機器よりも精度が高く，多種の金属元素の分析が可能である。天然水試料のほかに，植物体試料などを湿式分解することで，その金属元素の含有率を定量することもできる。また，これらの機器分析を用いて土壌の酢酸アンモニウム抽出溶液などを定量することにより，土壌の交換態陽イオン量を求めることもできる。

8.6 溶存有機炭素

　天然水試料に含まれる溶存有機炭素（DOC, Dissolved Organic Carbon）を測

定するためには，全有機態窒素アナライザー（TOC アナライザー）を用いることが多い。これは，ガラス繊維濾紙（GF/F）等を用いて濾過した溶液試料を TOC アナライザー内の電気炉で燃焼することで，試水中のすべての溶存炭素を二酸化炭素に変換し，発生した二酸化炭素濃度を非分散型赤外線吸収センサーで測定するという方法である。測定された二酸化炭素の濃度から，もともとの試水に含まれている溶存全炭素濃度が算出される。また，機器の分析ライン中で試水を燃焼せずに，酸を加えて pH を下げることで溶存炭酸イオン（＝溶存無機炭素）を二酸化炭素に変換し，その二酸化炭素濃度を測定することで溶存無機炭素の濃度を定量することができる。溶存全炭素から溶存無機炭素を差し引いて溶存有機炭素の濃度を算出することができる（式 8.4）。あるいは，あらかじめ試水の pH を下げて炭酸イオンを脱気し，溶存無機炭素のない状態にしてから，溶存有機炭素の濃度のみを分析することも多い。粒子状物質も含めた溶液中の全炭素濃度を分析する際には，濾過をしない試水を用いて分析する。

$$DTC = DOC + DIC \tag{8.4}$$

DTC：溶存全炭素（Dissolved total carbon），
DOC：溶存有機炭素（Dissolved organic carbon），
DIC：溶存無機炭素（Dissolved inorganic carbon）

イオンクロマトグラフィーやオートアナライザー等と同様に，あらかじめ濃度のわかっている複数の標準試料を分析して検量線を作成し，試水の溶存炭素濃度を定量する。また，標準物質を調整（希釈）する際に使用する脱イオン水や超純水にもわずかながら溶存炭素が含まれていることもあるため，検量線を作成する際にそのブランク補正（y 軸を炭素濃度，x 軸をピーク面積とした検量線を作成し，y 切片をゼロに補正する）をすると，低濃度域の分析精度が向上する。

8.7 全炭素・全窒素

土壌や植物といった固体成分に含まれる全炭素・全窒素含有率を分析するためには，CN アナライザー，CN コーダー等と呼ばれる機器を用いる。この機器

では乾燥粉末試料を機器内の電気炉で燃焼し,炭素は二酸化炭素に,窒素は窒素酸化物に変換してそのガス濃度を定量することで,もともとの固体試料に含まれる全炭素,全窒素含有率を求めている。窒素酸化物は,還元銅を用いて窒素ガス(N_2)に変換してから,熱伝導度検出器等で定量することが多い。機器によっては同時に硫黄や水素の含有率を定量できるものもある。

　機器によって分析に供する試料の量が異なるが,一般的には供試できる試料量はわずかである。したがって,試料の平均的な含有率を求めるためには,その試料をよく粉砕し,均質化することが大切である。このために,電動ボールミルやメノウ乳鉢等を用いて微粉砕試料を調整してから分析することが多い。

　窒素酸化物を窒素ガスに還元するための還元銅は,分析するたびに少しずつ酸化され,その還元力が低下する。したがって,サンプル数に応じて劣化した還元銅を交換しなくてはならない。一般的には有機物の高い植物体試料の方が還元銅の劣化が早い。オートサンプラーを使用して多数の試料を自動分析する際には,他の分析機器と同様,一定間隔ごとに標準試料およびブランク試料を分析し,一連の分析中にその精度が維持されていることを確認することが大切である。

第9章 データ整理・解析

9.1 はじめに

　これまで述べてきたように，森林集水域にはさまざまな物質循環フローが存在し，その測定方法は多様で複雑である．それらの方法を用いて得られた各物質フローを，集水域全体としてどのように評価することができるのであろうか．研究目的によって解析の方法はさまざまであるが，ここでは森林集水域の物質循環研究で多く用いられている解析方法の一部を紹介する．

9.2 単　位

　植物，土壌，微生物，大気，水などに含まれる物質量を示す単位には，その対象や目的によって多くの単位が存在し，解析目的に応じて適切な単位で集計することが大切である．また，データ間の差異などを比較する際には単位が揃っていることに注意する必要がある．

　重量やバイオマスとして評価する場合にはグラム（g）表示をする場合が多いが，化学量として評価する際にはモル（mol）で表示する．また，酸中和など化学反応を考える場合には，電荷を考慮に入れたモル等量（mol_c）で示す（cはchargeを示す）．mol_c のことを eq と表記することもある．たとえば硝酸態窒素などの化合物の重量を示す場合には，それが化合物（硝酸態窒素の場合はNO_3）としての重量なのか，元素（硝酸態窒素の場合はN）としての重量なのかを混同しないようにする．このため，mgN, mg-NO_3 などと表記することもある．

　大気中の物質濃度（たとえば窒素酸化物や硫黄酸化物）の場合には，単位体積当たりの大気に含まれる物質量として，$g\,m^{-3}$ や $mol\,m^{-3}$ などが用いられて

いる。％表示する場合には，一定体積に対する物質の体積（v）の比として表示する（％（v/v）と表示）。また，体積比として百万分の一（part per million）を基準とする場合に，ppm_v を用いることもある。

　水試料（降水，土壌水，地下水，河川水等）の場合には，水量に対する物質量として $g\,L^{-1}$, $mol\,L^{-1}$, $mol_c\,L^{-1}$ などがよく用いられている（L はリットルを示す）。森林集水域の物質循環研究では，一般的に多くの化学成分濃度は低く，$mg\,L^{-1}$, $\mu mol_c\,L^{-1}$ などとすることが多い。また，水質データの場合にppm（$=mg\,L^{-1}$）や ppb（$=\mu g\,L^{-1}$）が用いられることもある。

　植物や土壌などの固体試料の場合には，単位重量当たりの物質量として $g\,kg^{-1}$, $mol\,kg^{-1}$, 重量パーセント（％）などがよく用いられている。その場合の単位重量は乾燥試料であることが一般的であるが，そのことを明示するために $g\,kgDW^{-1}$ などと表記することもある（DW は dry weight）。

　現地土壌の一定体積に存在する土壌粒子の重量（密度）は，場所によって異なるため，土壌中での物質存在量を土壌体積当たりの物質量として，$g\,cm^{-3}$ などと表記する。その場合は，第5.2節（3）で示した未攪乱土壌の乾燥重量と体積から容積密度（Bulk density）を求める必要がある（たとえば，100 cc の採土円筒を用いて未攪乱土壌を採取した場合には，その乾燥土壌重量（g）を 100 で割ることで，容積密度（$g\,cm^{-3}$）の値を得る）。土壌水分率の単位についても同様に，乾燥重量当たりの水分率（$g\,g^{-1}$ あるいは％），体積当たりの水分率（$g\,cm^{-3}$ あるいは％）として示す。

　土壌試料をさまざまな方法で抽出分析した際，機器分析等で得られる一次データ（生データ）は抽出液中の濃度である場合が多い。そのようなデータを集計，解析する際には抽出液量，供試土壌の乾燥重量や密度をもとに，乾燥土壌重量当たりあるいは土壌体積当たりの物質量として示す必要がある。

　また，土壌中の物質存在量（プール）を一定の土地面積当たりの量として示すためには，土壌の重量当たりの物質含有率に土壌の容積密度，厚さの情報が必要である（式9.1）。深さごとに土壌を採取，分析した場合には式9.1を用いて深さごとに値を集計し，対象とする土壌の深さまで積算する。

$$SP_{area} = SC_g \times Bd \times D \times 10 \tag{9.1}$$

　　SP_{area}：土地面積当たりの土壌に含まれる物質量（$g\,m^{-2}$），

SC_g：乾燥重量当たりの土壌に含まれる物質含有率（mg gDW^{-1}），

Bd：土壌の容積密度（g cm^{-3}），

D：土壌の厚さ（cm）

※10を乗じているのは単位換算のため（mg→g, cm^2→m^2）

　集水域の土地面積当たりの物質の流れ（速度）を評価する際には，単位土地面積，時間当たりのフラックスとして解析するとよい。その場合の単位は，g m^{-2} year^{-1}，kg ha^{-1} year^{-1}，mol$_c$ m^{-2} d^{-1}，mol m^{-2} hour^{-1} などであろう。計算に用いる面積としては，大気沈着やリターフォールの場合には採取装置の採集面積，土壌呼吸などのガス放出の場合には使用したチャンバーの表面積，河川への物質流出の場合には集水域全体の土地面積であるなど，対象とするフローによって算出方法は異なる。

9.3　コンパートメントモデル，物質収支，回転速度

　大気，植生，土壌，河川などをボックスで単純化し，それらの要素（コンパートメント）間を出入りする物質フローを示すことをコンパートメントモデルと呼ぶ（図9.1）。各フローを相互に比較するためには，土地面積当たりのフラックスなど，空間スケールと時間スケールの単位を統一して示さなくてはならない（第9.2節）。

　各コンパートメントに出入りする物質の収支を計算することで，一定期間内における各コンパートメント内の正味の物質量変化を推定することができる。たとえば，土壌コンパートメントへのある物質の1年間の入力フラックスが10 g m^{-2} year^{-1} であり，出力フラックスが2 g m^{-2} year^{-1} である場合，その物質は土壌内に8 g m^{-2} year^{-1} の速度で蓄積していると考えることができる。コンパートメントモデルの構成や空間，時間スケールの設定は対象とする物質や研究目的によって異なり，森林集水域全体を1つのコンパートメントとして集水域全体の年間当たりの物質収支を解析する場合もあれば（たとえば，Shibata *et al.*, 2005），土壌微生物による窒素総代謝速度（第5.5節参照）を調べるために，表層土壌内の各窒素形態（アンモニウム態窒素，硝酸態窒素，有機態窒素，微生物態窒素）をコンパートメントして1日当たりの窒素フローを解析する場合

9.3 コンパートメントモデル，物質収支，回転速度　85

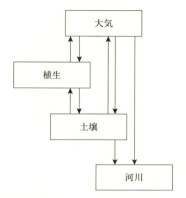

図 9.1　森林集水域の物質循環に関するコンパートメントモデルの例
　　　各ボックスはそれぞれのコンパートメントの物質プールを示す。矢印は各コンパートメントの物質入力と出力を示す。コンパートメントの設定や矢印の数，向きなどは対象としている物質や場所によって異なる。

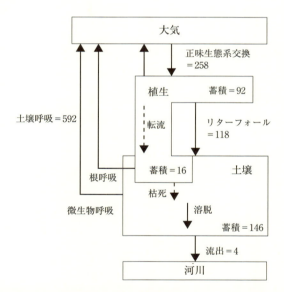

図 9.2　北海道南西部の幌内川集水域（北海道大学苫小牧研究林）における炭素フラックスのコンパートメントモデル（gC m^{-2} year^{-1}）(Shibata et al., 2005；柴田 2006 より一部改変)
　　　炭素フラックスには CO_2，有機物，溶存炭素として移動・蓄積しているものが含まれている。土壌呼吸＝根呼吸＋微生物呼吸。正味生態系交換（Net Ecosystem Exchange）は森林全体の CO_2 バランスを表している（＝光合成－植生呼吸－土壌呼吸）。

などもある（たとえば，Kuroiwa *et al.*, 2011）。

　コンパートメントモデルを利用した物質収支研究はさまざまであり，例として，森林集水域における土壌—植生—微生物系の窒素収支を解析することで，森林集水域全体の窒素保持機能を評価する研究や（Likens and Bormann, 1995; Mitchell, 2011; Wakamatsu *et al.*, 2005），大気—陸面間のCO_2フラックスを観測し（写真9.1），そのCO_2収支から森林集水域の炭素固定機能を評価する研究（Shibata *et al.*, 2005a; Takagi *et al.*, 2009; Aguilosa *et al.*, 2014），森林生態系内外の各イオン収支から直接的，間接的なプロトン（H^+）の動きを推定し，大気からの酸性沈着に対する森林生態系の応答を考察する研究（Shibata *et al.*, 1998, Shibata *et al.*, 2001）などが挙げられる。

　コンパートメントの物質収支による物質増減量が，コンパートメント内の物質量に対しどれだけの大きさであるのかを理解するため，回転速度（Turnover rate）や滞留時間（Residence time）という指標が用いられる（式9.2）。

$$TR = \Delta F \div P \tag{9.2}$$

　　TR：回転速度（$year^{-1}$），

　　ΔF：コンパートメントの物質変化量（$g\,m^{-2}\,year^{-1}$）

　　　　（例：物質収支量＝出力量－入力量），

　　P：コンパートメント内の物質存在量（$g\,m^{-2}$）

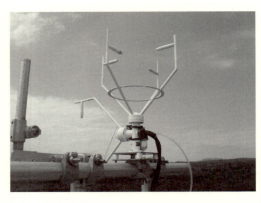

写真9.1　大気—陸面間の二酸化炭素フラックスを観測するために用いられる超音波風速計（北海道大学天塩研究林内の観測タワーにて）

式 9.2 における回転速度の値が大きいほど，コンパートメント内の物質存在量に対してより早い速度で物質量が出入りしていることを意味する．また，回転速度の逆数（＝1/TR）をとって，滞留時間として評価する方法もある．式 9.2 の場合，逆数である滞留時間の単位は year となる．コンパートメント内の物質存在量に対して物質の増減量が小さい場合には，その滞留時間がより長くなる．この指標はさまざまな対象，スケールで用いることができる．たとえば，第 6.3 節で紹介した細根動態の研究（Fukuzawa *et al.*, 2007）では，細根バイオマスをコンパートメントの存在量，細根生産速度を変化量として細根の回転速度を解析している．あるいは，湖の貯水量をコンパートメントの存在量，その湖への流入河川の合計流量を変化量として湖水全体の回転速度や滞留速度を見積もることなどができる．

9.4 データベース

　森林集水域の物質循環プロセスはさまざまな要因がかかわっているために，少数の研究者がすべてのパラメーターを同時に計測することが困難な場合が多い．そのため，研究サイトで得られた各種観測データをデータベースとして保管・公開することが有用である．それによって，ある研究サイトで積み上げられた既存の研究データに基づいた応用的，統合的な研究を展開することが可能となる．

　また，気候変動や大気汚染，植生遷移の影響など，森林集水域の物質循環に変動を及ぼす要因は長期間にわたって変化することが多く，それに対する森林生態系の応答もさまざまな時間スケールで生じている．多様なタイムスケールでの時間変化を考慮に入れた研究を行うには，長期的なデータを用いることが有効で，そのためにもデータベースへのデータ保管とその公開が有用である．また，データベースに保管されている調査データを利用することで，多地点のデータを比較解析（メタ解析）することも可能である．

　データベースには数値データが格納されているだけでは不十分であり，そのデータがどのような場所，期間，方法で得られたのか，その分解能や精度はどの程度であるのかといった，データに付随する基礎情報が同時に記録・保管さ

表 9.1　EML データベースに記載するメタデータの例（真板，2013 より抜粋，一部改変）

種類	項目名	内容
全体的な情報	タイトル・要約・キーワード	データの全体内容を示す情報タイトル
	所有者・利用条件	データを所有する個人・グループの情報，データを利用する際の条件など
	地理的・時間的範囲	データを取得した場所（緯度・経度），期間の情報
	分類学的範囲	動植物の分類体系に関する情報
	方法	調査デザイン，サンプリング方法，サンプル処理など一連の手順
データの情報	データ名	データの属性を表す名称とその情報
	単位	データの単位情報（$mg\,L^{-1}$，$g\,m^{-2}\,year^{-1}$ など）
	データの種別	数値型（実数，自然数など），カテゴリー型（名称，コードなど），日付型など
	欠測値情報	欠測値の表記情報（9999，ND など）

れていなければならない。そのような数値データ（生データ）を説明する情報のことをメタデータ（Metadata）と呼ぶ（表 9.1）。

　長期生態学研究ネットワーク（Long-Term Ecological Research, LTER）は米国から開始され，現在は国際 LTER ネットワーク（ILTER：http://www.ilternet.edu/，2014 年 10 月 1 日確認）として活動を続けている（Shibata *et al.*, 2014）。LTER とは長期的な生態学研究サイトとその研究者のネットワークであり，そのサイトを基盤としたさまざまなテーマの生態系研究を推進，展開している。ILTER では，メタデータを含む調査観測データを各種フォーマットで格納できる Ecological Metadata Language（EML）というデータベース言語を用いたデータベースの構築を進めている（Vanderbilt *et al.*, 2010；真板，2013）。日本長期生態学研究ネットワーク（Japan LTER, JaLTER：http://www.jalter.org/，2014 年 10 月 1 日確認）はその EML に準拠したデータベースを運用しており，その内容はホームページに公開されている（http://db.cger.nies.go.jp/JaLTER/，2014 年 10 月 1 日確認）。本書で紹介した森林集水域の物質循環に関係するいくつかのデータセットもこの JaLTER データベースより生データをダウンロードすることができる。最近では，米国生態学会が出版する Ecology 誌や日本生態学会が出版している Ecological Research 誌などの学術雑誌にデータペーパーのセクションが設けられ，メタデータが記述され

ているデータセットを論文として出版することができる(真板, 2013)。

9.5 統　計

　物質循環の観測データから見い出されるさまざまなパターンを理解し，相互の関係性を分析したり，その違い等を比較したりする際には統計学的手法が有用である。とりわけ，特定の研究仮説を客観的に検証するためには，統計学的手法によって分析，評価することが欠かせない(たとえば，差の検定，回帰，相関，分散分析，多重比較，重回帰，共分散分析ほか)。観測サイト間の比較や，データ間の差異，相関関係など，データの特性や種類に応じてさまざまな統計学的手法が開発されている(パラメトリック，ノンパラメトリック，一般化線形モデルなど)。詳しくは専門書を参照されたい(たとえば Grafen and Hails, 2002; Legendre and Legendre, 2012; Sokal and Rohlf, 2012)。

　統計分析はあくまでもデータ解析手法の1つであるので，統計的な有意差や相関関係が見られる場合でも，それが間接的な差異であったり，見かけの相関関係であったりすることもあるため，十分注意しなければならない。有意差を説明する場合には，その差が生じたメカニズムをしっかりと考察することが必要であり，相関関係が真に因果関係であることを議論するためには，その相関をもたらした要因やメカニズムの深い考察が欠かせない。また，統計的に「差が検出されない」ということは，「差があることを統計的に示すことができない」だけであって，「差がないことを統計的に証明したわけではない」ということに留意する。

　いずれにせよ，多くの統計分析は反復が十分なことが必要であるため，研究デザインを構築する時点(観測を開始する前の時点)で，得られたデータをどのような統計手法で解析するのか，必要な反復がどの程度か，その調査地点の配置は適切なのかを十分に検討することが大切である。

9.6 生態系プロセスモデル

　森林集水域の物質循環の各プロセスを数式化し，さまざまな物質循環プール

やフローをシミュレーションできる生態系プロセスモデルを用いると，物質循環の変動解析や将来予測，変動要因の感受性などを理解するのに有用である（柴田ら，2006 ほか）。気候変動や大気汚染といった外部環境要因の変化に対して，森林集水域の物質循環がどのように応答するのかについて，生態系プロセスモデルを用いた研究は米国 LTER サイトをはじめとして多くの事例がある（Gbondo-Tugbawa and Driscoll, 2001; Aber et al., 2002; Chen and Driscoll, 2005 など）。

たとえば，PnET モデルは植生の光合成・蒸散過程をもとにして，生態系の炭素・窒素循環やカルシウム，アルミニウムなどの動態を予測することができるものである（Aber et al., 2002）。米国北東部の森林集水域における長期的な窒素循環と，河川への窒素溶脱の変動を PnET モデルで解析し，気候変動や大気窒素沈着，大気オゾン濃度，過去の土地利用，その他の自然攪乱要因が複合することで河川へ窒素流出の長期経年傾向パターンが形成されることが示されている（Aber et al., 2002）。Katsuyama et al. (2009) は北海道北部の森林小集水域（北海道大学雨龍研究林 M3 実験流域）を対象に，PnET モデルと流域水文モデルを組み合わせることで，融雪と夏季降雨出水の影響を受けている河川水中の硝酸態窒素濃度の季節変動を予測した。

インターネットを通じてプログラムをダウンロードでき，比較的汎用性のある生態系プロセスモデルとしては上に述べた PnET モデル（http://www.pnet.sr.unh.edu/，2014 年 10 月 3 日確認，Aber et al., 2002 ほか）のほかに，Century モデル（http://www.nrel.colostate.edu/projects/century/，2014 年 10 月 3 日確認，Partson et al., 1988 ほか），BIOME-BGC モデル（http://www.ntsg.umt.edu/project/biome-bgc，2014 年 10 月 3 日確認，Waring and Running, 1998 ほか），SWAT モデル（http://swat.tamu.edu/，2014 年 10 月 3 日確認，Arnold et al., 1998 ほか），DNDC モデル（http://www.dndc.sr.unh.edu/，2014 年 10 月 3 日確認，Li et al., 1992 ほか）などがある。そのほかにも TEM モデル（Raich et al., 1991 ほか），LANDIS モデル（Karam et al., 2013 ほか），Sim-CYCLE モデル（Ito and Oikawa, 2002 ほか）などが開発，利用されている。

生態系プロセスモデルを効果的に使用するためには，各パラメーターを設定（パラメタリゼーション）したり，予測値を検証（バリデーション）したりする

ための観測データの存在が重要である。現地観測とモデル研究を有効に組み合わせることで，集水域の物質循環のパターンや変動プロセスの理解を進めることができる。研究の目的や仮説，データ利用可能性などに応じて，適切なモデルを選択することが重要である（柴田ら，2006）。

9.7 操作実験

　特定の仮説を検証するための実験手法として，野外における操作実験が有用である。森林伐採が集水域の物質循環や河川水質に及ぼす影響を明らかにするための流域伐採実験（Borman and Likens, 1979; Fukuzawa et al., 2006），集水域全体への大気窒素汚染を模倣した窒素負荷実験（Shibata et al., 2005b; Fernandez et al., 2010），酸性雨による土壌酸性化と回復パターンを理解するための集水域レベルでのカルシウム負荷実験（Peters et al., 2004; Johnson et al., 2014）などが知られている。プロットレベルの操作実験としては，温暖化を模倣した電熱線ケーブルを埋設した地温上昇実験（Rustad et al., 2001; Melillo et al., 2002 ほか），大気窒素沈着による窒素・炭素循環変化を調べるための安定同位体（^{15}N）トレーサー実験（Nadelhoffer et al., 1999；若松ら，2004 ほか），土壌凍結・融解サイクルの増幅が土壌窒素動態に及ぼす影響を調べるための積雪操作実験（Shibata et al., 2013；Grofman et al., 2011 ほか），冬季気候変化が土壌窒素無機化・硝化速度に及ぼすインパクトを明らかにするための気候傾度を利用した移動・交換土壌培養実験（Shibata et al., 2011; Shibata et al., 2013; Urakawa et al., 2014a ほか）などが行われている。

　北海道北部の天然性針広混交林（北海道大学天塩研究林）で実施された集水域レベルでの皆伐実験では，伐採処理による CO_2 フラックス，炭素循環，河川水質の長期的な変化について総合的な研究が行われた（Fukuzawa et al., 2006; Takagi et al., 2009; Aguilosa et al., 2006）。その集水域では林床に密生するササの養分吸収によって，伐採直後の集水域からの窒素溶脱や河川水質の変化が抑制されたことなどが明らかとなっている（Fukuzawa et al., 2006）。

　また，操作実験において河川水サンプルを長期的に保管することが，新たな研究を展開するために役立つこともある。たとえば，上述の伐採実験

(Fukuzawa et al., 2006) において採取, 保管されていた河川水試料を, その後の新たな分析技術を用いて再利用し, 河川水に含まれる硝酸態窒素の三酸素同位体組成（$\Delta^{17}O$ 値）を分析, 解析することで, 集水域から河川へ流出する硝酸態窒素の起源（大気・土壌由来）を推定する研究も行われている（Tsunogai et al., 2014）。このように, 現地で調査観測された数値データのみならず, そのサンプルを採取情報（メタデータ）も含めてデータベース化し保管（アーカイブ）することは, 将来における新規技術などを応用した研究の展開に有用である。

なお野外操作実験では, 目的としている処理によって想定していない二次的な処理効果が生まれてしまうこともある。たとえば, 測定機器を埋設したために土壌が乱されてしまったり, 積雪除去による土壌凍結・融解を操作すると同時に融雪水量も減ってしまったりするといったことがある。二次的な処理効果をできるだけ排除するような工夫や, そのような効果を対照区にも同様に与えるなどの設計が大切である。目的とした仮説がしっかりと検証できるような処理デザイン, 反復, 統計解析を考慮に入れた実験計画を立てることが重要である。

あとがき

　本書で取り上げた調査法の多くは，これまで著者が共同研究者や大学院生らと取り組んできた研究を通じて学んできたものである．しかしながら，森林集水域の物質循環に関する調査法はさらなる発展を続けており，分子生物学的手法を用いた土壌微生物群集の分析や，衛星リモートセンシングによる広域解析，多様な統計手法による解析，さまざまな安定同位体トレーサー技術を応用した詳細研究など，本書では十分に解説できなかった方法が次々に提案されている．それらに関心のある読者は最新の学術雑誌（たとえば Biogeochemistry, Ecosystems, Soil Biology and Biochemistry）を精読し，新しい情報を得ることをお勧めする．

　森林生態系における物質の動きの多くは，直接目視することができないため，データの理解に苦労することが多い面もあるが，目的に応じた適切な手法を用いて調べることによって，その森林生態系のダイナミックな姿やメカニズムを理解し，感じることができる．これが研究の面白さであり，さらなる課題や疑問を生み出すことにつながるのである．本書が森林集水域の物質循環研究に取り組もうとされている方々へ，少しでも役立つことを心より願う．

引用文献

Aber JD, Ollinger SV, Driscoll CT, *et al.* (2002) Inorganic nitrogen losses from a forested ecosystem in response to physical, chemical, biotic, and climatic perturbations. *Ecosystems*, **5**: 648-658

Aber JD, Goodale CL, Ollinger SV, *et al.* (2003) Is nitrogen deposition altering the nitrogen status of northeastern forests? *BioScience*, **53**: 375-389

Aguilosa M, Takagi K, Liang N, *et al.* (2014) Dynamics of ecosystem carbon balance recovering from aclear-cutting in a cool-temperate forest. *Agricultural and Forest Meteorology*, **197**: 26-39

Arnold JG, Srinivasan R, Muttiah RS, *et al.* (1998) Large area hydrologic modeling and assessment Part I: Model development. *JAWRA Journal of the American Water Resources Association*, **34**: 73-89

Berg B, McClaugherty C 著, 大園享司 訳 (2012) 森林生態系の落葉分解と腐植形成, 丸善

Bormann FH, Likens GE (1979) Pattern and process in a forested ecosystem. Springer-Verlag

Boyer EW, Howarth RW (2002) The nitrogen cycle at regional to global scales. Kluwer Academic Publishers

Chapin III FS, Matson PA, Mooney HA (2002) Principles of terrestrial ecosystem ecology, Springer

Chen L, Driscoll CT (2005) A two-layer model to simulate variations in surface waterchemistry draining a northern forest watershed. *Water Resources Research*, **41**: W09425

Christopher SF, Shibata H, Ozawa M, *et al.* (2008) The effect of soil freezing on N cycling: Comparison of two headwater subcatchments with different vegetation and snowpack conditions in the northern Hokkaido Island of Japan. *Biogeochemistry*, **88**: 15-30

Davidson CI, Wu YL (1990) Dry deposition of particles and vapors. In: Lindber SE, Page AL, Norton SA (ed), Acidic precipitation, volume 3: Sources, deposition, and canopy interactions, 103-216. Springer-Verlag

土壌調査法編集委員会 (1978) 野外研究と土壌図作成のための土壌調査法, 博友社

土壌環境分析法編集委員会 (1997) 土壌環境分析法, 博友社

Eno CF (1960) Nitrate production in the field by incubating the soil in polyethylene bags. *Soil Science Society of America Proceedings*, **24**: 277-279

Erisman JW, Beier C, Draaijers G, *et al.* (1994) Review of deposition monitoring methods. *Tellus*, **46B**: 79-93

Fang Y, Gundersen P, Vogt RD, *et al.* (2011) Atmospheric deposition and leaching of nitrogen in Chineseforest ecosystems. *Journal of Forest Research*, **16**: 341-350

Fernandez IJ, Adams MB, SanClements MD, *et al.* (2010) Comparing decadal responses of whole-watershed manipulations at the Bear Brook and Fernow experiments. *Environmental*

Monitoring and Assessment, **171**: 149-161

Fukuzawa K, Shibata H, Takagi K, *et al.* (2006) Effects of clear-cutting on nitrogen leaching and fine root dynamics in a cool-temperate forested watershed in northern Japan. *Forest Ecology and Management*, **225**: 257-261

Fukuzawa K, Shibata H, Takagi K, *et al.* (2007) Vertical distribution and seasonal pattern of fine-root dynamics in a cool-temperate forest in northern Japan: implication of the understory vegetation, Sasa dwarf bamboo. *Ecological Research*, **22**: 485-495

Fukuzawa, K., Dannoura, M., Shibata, H. (2012) Fine root dynamics and root respiration, "Measuring roots: An updated approach (Mancuso, S. Eds.)", 291-302. Springer

Fukuzawa K, Shibata H, Takagi K, *et al.* (2013) Temporal variation in fine-root biomass, production and mortality in a cool temperate forest covered with dense understory vegetation in northern Japan. *Forest Ecology and Management*, **310**: 700-710

Galloway JN, Dentener FJ, Capone DG, *et al.* (2004) Nitrogen cycles: past, present, and future. *Biogeochemistry*, **70**: 153-226

Gbondo-Tugbawa S, Driscoll CT (2001) Evaluation of an integrated biogeochemical model (PnET-BGC) at a northern hardwood forest ecosystem. *Water Resources Research*, **37**: 1057-1070

Gordon AM, Tallas M, Cleve K (1987) Soil incubations inpolyethylene bags: effect of bag thickness and temperature onnitrogen transformations and CO_2 permeability. *Canadian Journal of Soil Science*, **67**: 65-75

Grafen A, Hails R 著, 野間口健太郎・野間口眞太郎 訳 (2007) 一般線形モデルによる生物科学のための現代統計学, 共立出版

Groffman PM, Hardy JP, Fashu-Kanu S, *et al.* (2011) Snow depth, soil freezingand nitrogen cycling in a northern hardwood forest landscape. *Biogeochemistry*, **102**: 223-238

Gundersen P, Schmidt K, Raulund-Rasmussen K (2006) Leaching of nitrate from temperate-forests — effects of air pollution andforest management. *Environmental Review*, **14**: 1-57

干鯛眞信 (2014) 窒素固定の科学—化学と生物学からの挑戦, 裳華房

Hiura T (2005) Estimation of aboveground biomass and net biomass increment in a cool temperate forest on a landscape scale. *Ecological Research*, **20**: 271-277

Huang WZ, Schoenau JJ (1997) Seasonal and spatial variations in soil nitrogen and phosphorus supply rates in aboreal aspen forest. *Canadian Journal of Soil Science*, **77**: 597-612

Ileva NY, Shibata H, Satoh F, *et al.* (2009) Relationship between the riverine nitrate-nitrogen concentration and the land use in the Teshio River watershed, North Japan. *Sustainability Science*, **4**: 189-198

Ito A, Oikawa T (2002) A simulation model of the carbon cycle in land ecosystems (Sim-CYCLE): a description based on dry-matter production theory and plot-scale validation. *Ecological Modelling*, **151**: 143-176

岩坪五郎 編 (1996) 森林生態学, 文永堂

Jones J, Mulholland PJ (2000) Streams and ground waters. Academic Press

Johnson CE, Driscoll CT, Blum JD, *et al.* (2014) Soil Chemical Dynamics after Calcium Silicate Additionto a Northern Hardwood Forest. *Soil Science Society of American Journal*, **78**: 1458-1468

Katsuyama M, Shibata H, Yoshioka T, *et al.*（2009）Applications of a hydro-biogeochemical model and long-term simulations of the effects of logging in forested watersheds. *Sustainability Science*, **4**: 179-188

KaramS, Weisberg P, Scheller RM, *et al.*（2013）Development and evaluation of a nutrient cycling extension for the LANDIS-II landscape simulation model. *Ecological Modelling*, **250**: 45-57

Kuroiwa M, Koba K, Isobe K, *et al.*（2011）Gross nitrification rates in four Japanese forest soils: Heterotrophic versus autotrophic and the regulation factors for the nitrification. *Journal of Forest Research*, **16**: 363-373

Laudon H, Westling O, Bergquist A, *et al.*（2004）Episodic acidification in northern Sweden: a regional assessmentof the anthropogenic component. *Journal of Hydrology*, **297**: 162-173

Legendre P, Legendre L（2012）Numerical Ecology, Third English Edition, Elsevier

Li C, Frolking S, Frolking TA（1992）A model of nitrous oxide evolution from soil driven by rainfall events: 1. Model structure and sensitivity. *Journal of Geophysical Research*, **97**: 9759-9776

Likens GE, Bormann FH（1995）Biogeochemistry of a forested ecosystem. Springer-Verlag

Lindber SE, Page AL, Norton SA（1990）Acidic precipitation, volume 3: Sources, deposition, and canopy interactions. Springer-Verlag

真板英一（2013）データペーパー投稿者のためのメタデータ作成ガイド，日本生態学会誌，**63**: 275-281

Melillo JM, Steudler PA, Aber JD, *et al.*（2002）Soil warming and carbon-cycle feedbacks to the climate system. *Science*, **298**: 2173-2176

Millennium Ecosystem Assessment（2005）Ecosystem and human well-being: Synthesis, Island Press

南川雅男・吉岡崇仁 編（2006）生物地球化学，培風館

Mitchell MJ, C. T. Driscoll, JS, Kahl GE, *et al.*（1996）Climatic control of nitrate loss from forested watersheds in the northeast United States. *Environmental Science & Technology*, **30**: 2609-2612

Mitchell M（2011）Nitrate dynamics of forested watersheds: spatial and temporal patterns in North America, Europe and Japan. *Journal of Forest Research*, **16**: 333-340

Nadelhoffer KJ, Emmett BA, Gundersen P, *et al.*（1999）Nitrogen deposition makes a minor contribution to carbon sequestration in temperate forests. *Nature*, **398**: 145-148

Nakanishi A, Shibata H, Inokura Y, *et al.*（2001）Chemical characteristics in stem flow of Japanese cedar in Japan. *Water, Air, and Soil Pollution*, **130**: 709-714

Nakaji T, Noguchi K, Oguma H（2008）Classification of rhizosphere components using visible-near infrared spectral images. *Plant and Soil*, **310**: 245-261

中野政詩・宮崎毅・塩沢昌 他（1995）土壌物理環境測定法，東京大学出版会

日本土壌肥料学会（1987）移動現象―土壌をめぐるエネルギーと物質の転流，博友社

日本分析化学会北海道支部（1994）水の分析（第4版），化学同人

日本ペドロジー学会（1997）土壌調査ハンドブック，博友社

Noguchi M, Yoshida T（2004）Tree regeneration in partially cut conifer-hardwood mixedforests in northern Japan: roles of establishmentsubstrate and dwarf bamboo. *Forest Ecology and Management*, **190**: 335-344

Ogawa A, Shibata H, Suzuki K, *et al.* (2006) Relationship of topography to surface water chemistry with particular focus on nitrogen and organic carbon solutes within a forested watershed in Hokkaido, Japan. *Hydrological Processes*, **20**: 251-265

Ozawa M, Shibata H, *et al.* (2001) Annual element budget of soil in snow-dominated forested ecosystem. *Water, Air, and Soil Pollution*, **130**: 703-708

大園享司（2007）冷温帯林における落葉の分解過程と菌類群集，日本生態学会誌，**57**: 304-318

大園享司（2012）第16章 分解，『森のバランス―植物と土壌の相互作用』（森林立地学会編）187-196，東海大学出版会

Park JH, Duan L, Kim B, *et al.* (2010) Potential effects of climate change and variability on watershed biogeochemical processes and water quality in northeast Asia. *Environment International*, **36**: 212-225

Parton WJ, Stewart JWB, Cole CV (1988) Dynamics of C, N, P and S in grassland soils-a model. *Biogeochemistry*, **5**: 109-131

Peters SC, Blum JD, Driscoll CT, *et al.* (2004) Dissolutionof wollastonite during the experimental manipulation of Hubbard Brook Watershed 1. *Biogeochemistry*, **67**: 309-329

Raich JW, Rastetter EB, Melillo JM, *et al.* (1991) Potential net primary productivity in south-America-Application of a global-model. *Ecological Applications*, **1**: 399-429

Robertson GP, Coleman DC, Bledsoe CS, *et al.* (1999) Standard soil methods for Long-Term Ecological Research. Oxford University Press

Rustad LE, Campbell JL, Marion GM, *et al.* (2001) A meta-analysis of the response of soil respiration, net nitrogen mineralization, and aboveground plant growth to experimental ecosystem warming. *Oecologia*, **126**: 543-562

佐竹研一（2000）酸性雨研究と環境試料分析―環境試料の採取・前処理・分析の実際―，愛智出版

酸性雨調査法研究会（1993）酸性雨調査法―試料採取，成分分析とデータ整理の手引き―，ぎょうせい

Schlesinger WH (1997) Biogeochemistry, An analysis of global change, Second Edition. Academic Press

Shibata H, Satoh F, Tanaka Y, *et al.* (1995) The role of organic horizons and canopy to modify the chemistry of acidic deposition in some forest ecosystems. *Water, Air, and Soil Pollution*, **85**: 1119-1124.

柴田英昭（1996）森林生態系の物質循環における土壌―植物系の役割，北海道大学大学院農学研究科博士論文，北海道大学

Shibata H, Sakuma T (1996) Canopy modification of precipitation chemistry in deciduous and coniferous forests affected by acidic deposition. *Soil Science and Plant Nutrition*, **42**: 1-10

Shibata H, Kirikae M, Tanaka Y, *et al.* (1998) Proton budgets of forest ecosystems on Volcanogenous Regosols in Hokkaido, northern Japan, *Water, Air, and Soil Pollution*, **105**: 63-72

柴田英昭・中尾登志雄・蔵治光一郎（2000）林内雨・樹幹流の測定法と問題点『酸性雨研究と環境試料分析―環境試料の採取・前処理・分析の実際―』（佐竹研一編）115-127，愛智出版

Shibata H, Satoh F, Sasa K, *et al.* (2001a) Importance of internal proton production for the proton budget in Japanese forested ecosystems. *Water, Air, and Soil Pollution*, **130**: 685-690

Shibata H, Kuraji K, Toda H, *et al.* (2001b) Regional comparison of nitrogen export to Japanese forest streams. *The Scientific World*, **1**: 572-580

柴田英昭・市川一・野村睦 他 (2002) 積雪寒冷地域の森林流域での融雪期における物質収支, 日本水文科学会誌, **32**: 49-56

Shibata H, Sugawara O, Toyoshima H, *et al.* (2004) Nitrogen dynamics in the hyporheic zone of a forested stream during a small storm, Hokkaido, Japan. *Biogeochemistry* **69**: 83-104

Shibata H, Hiura T, Tanaka Y, *et al.* (2005a) Carbon cycling and budget in a forested basin of southwestern Hokkaido, northern Japan. *Ecological Research* **20**: 325-331

Shibata H, Kuboi T, Konohira E, *et al.* (2005b) Retention processes of anthropogenic nitrogen deposition in a forest watershed in northern Japan. In 'Proceedings of the 3rd international nitrogen conference (Zhu, Z., Minami, K. and Xing, G. Eds.)', Science Press USA Inc., 626-630

柴田英昭・大手信人・佐藤冬樹 他 (2006) 森林生態系の生物地球化学モデル：PnET モデルの適用と課題, 陸水学雑誌, **67**: 235-244

柴田英昭 (2006) 大気―森林―河川系での炭素フラックス『地球環境と生態系―陸域生態系の科学』(和田英太郎・占部城太郎編) 218-224. 共立出版

柴田英昭・戸田浩人・稲垣善之 他 (2010) 森林源流域における窒素の生物地球化学過程と渓流水質の形成, 地球環境, **15**: 133-143.

Shibata H, Urakawa R, Toda H, *et al.* (2011) Changes in nitrogen transformation in forest soil representing the climate gradient of the Japanese archipelago. *Journal of Forest Research*, **16**: 374-385

Shibata H, Hasegawa, Y, Watanabe T, *et al* (2013) Impact of snowpack decrease on net nitrogen mineralization and nitrification in forest soil of northern Japan. *Biogeochemistry*, **116**: 69-82

Shibata H, Branquinho C, McDowell WH, *et al.* (2014) Consequence of altered nitrogen cycles in the coupled human and ecological system under changing climate: The need for long-term and site-based research. *AMBIO* (印刷中)

志水俊夫 (1999) 河川流量『森林立地調査法』(森林立地調査法編集委員会編) 176-181, 博友社

森林立地調査法編集委員会 (1999) 森林立地調査法, 博友社

森林立地学会 (2012) 森のバランス―植物と土壌の相互作用, 東海大学出版会

白岩孝行 (2011) 魚附林の地球環境学―親潮・オホーツク海を育むアムール川, 昭和堂

Sokal RR, Rohlf FJ (2012) Biometry: the principles and practice of statistics in biological research. 4thedition. W. H. Freeman and Co.

Sparks DL, Page AL, Helmke PA, *et al.* (1996) Methods of soil analysis Part 3 Chemical analysis, Soil Science Society of America

Suzuki SN, Ishihara MI, Nakamura M, *et al.* (2012) Nation-wide litter fall data from 21 forests of the Monitoring Sites 1000 Project in Japan. *Ecological Research* **27**: 989-990 (Data paper)

植物栄養実験法編集委員会 (1990) 植物栄養実験法, 博友社

Takagi K, Fukuzawa K, Liang N, *et al.* (2009) Change in the CO_2 balance under a series of forestry activities in a cool-temperate mixed forest with dense undergrowth. *Global Change Biology*, **15**: 1275-1288

Takagi K, Kotsuka C, Fukuzawa K, et al. (2010) Allometric relationships and carbon and nitrogen contents for three major tree species (*Quercus crispula*, *Betula ermanii*, and *Abies sachalinensis*) in northern Hokkaido, Japan. *Eurasian Journal of Forest Research*, **13**: 1-7

Takahashi M, Sakai Y, Ootomo R, et al. (2000) Establishment of tree seedlings and water-solublenutrients in coarse woody debris in an old-growth Picea-Abies forest in Hokkaido, northern Japan. *Canadian Journal of Forest Research*, **30**: 1148-1155

高橋輝昌・生原喜久雄・黒田孝一 (1994) ポリエチレンシートを用いた森林土壌の窒素無機化量の測定法の検討, 森林立地, **36**: 60-62

武田博清・占部城太郎 (2006) 地球環境と生態系―陸域生態系の科学, 共立出版,

戸田浩人・笹賀一郎・佐藤冬樹 他 (2000) 全国大学演習林における渓流水質, 日本林学会誌, **82**: 308-312

Tsunogai U, Komatsu D D, Ohyama T, et al. (2014) Quantifying the effects of clear-cutting and strip-cutting on nitrate dynamics in a forested watershed using triple oxygen isotopes as tracers. *Biogeosciences*, **19**: 5411-5424

Urakawa R, Shibata H, Kuroiwa M, et al. (2014) Effects of freeze-thaw cycles resulting from winter climate change on soil nitrogen cycling in ten temperate forest ecosystems throughout the Japanese archipelago. *Soil Biology and Biochemistry*, **74**: 82-94

Urakawa R, Ohte N, Shibata H, et al. (2015) Biogeochemical nitrogen properties of forest soils in the Japanese archipelago. *Ecological Research* **30**: 1-2 (Data paper)

Vanderbilt KL, Blankman D, Guo X, et al. (2010) A multilingual metadata catalog for the ILTER: Issues and approaches. *Ecological Infomatice*, **5**: 187-193

若松孝志・高橋章・佐藤一男 他 (2004) 窒素安定同位体を用いた大気由来 NH_4^+ の森林土壌中における初期動態, 日本土壌肥料学雑誌, **75**: 169-178

Wakamatsu T, Sato K, Takahashi A, et al. (2001) Proton budget for a Japanese cedar forest ecosystem. *Water, Air, and Soil Pollution*, **130**: 721-726

Wakamatsu T, Sato K, Takahashi A, et al. (2005) Allocation of added ^{15}N isotope in a central Japanese forest receiving high nitrogen deposition, In 'Proceedings of the 3rd international nitrogen conference (Zhu Z, Minami K, Xing G Eds.)', Science Press USA Inc., 665-671

Waring RH, Running SW (1998) Forest Ecosystems, Analysis at multiple scales, 2nd edition, Academic Press

Xu X, Shibata H (2007) Landscape patterns of overstory litterfall and related nutrient fluxes in a cool-temperate forest watershed in northern Hokkaido, Japan. *Journal of Forestry Research*, **18**: 249-254

Yamamoto Y, Shibata H, Ueda H (2013) Olfactory homing of chum salmon to stable compositions of amino acids in natal stream water. *Zoological Science*, **30**: 607-612

全国環境研協議会酸性雨広域大気汚染調査研究部会 (2011) 第5次酸性雨全国調査報告書 (平成21年度), 全国環境研会誌, **36**: 106-146

索　引

【欧字・数字】

A₀ 層 …………………………………32
BIOME-BGC モデル …………………90
Century モデル ………………………90
CN アナライザー ……………………81
CN コーダー …………………………81
CO₂ フラックス ………………………86
DNDC モデル …………………………90
EC ………………………………………75
Ecological Metadata Language（EML）……88
LANDIS モデル ………………………90
LTER ……………………………………4
^{15}N ………………………………………46
O 層 ……………………………………32
pH …………………………………12, 48, 74
pH 測定 ………………………………67
pH メーター …………………………74
PnET モデル …………………………90
ppb ……………………………………83
ppm ……………………………………83
Q_{10} ………………………………………46
Sim-CYCLE モデル …………………90
SWAT モデル …………………………90
TDR ……………………………………42
TEM モデル …………………………90
V ノッチ ………………………………68

【あ】

アカエゾマツ ……………………27, 48
アカマツ林 ……………………………20
亜酸化窒素 ……………………………43
亜硝酸イオン …………………………76
亜硝酸態窒素 …………………………77
アニオン ………………………………75
アルミニウム …………………………79
アロメトリー式 ……………55, 56, 61
安定同位体 ……………………………91
アンモニア ……………………………45
アンモニウムイオン …………………76
アンモニウム態窒素 …………45, 77
硫黄酸化物 ……………………………6
イオンクロマトグラフィー …………75
イオンクロマトグラフ法 ……………75
イオン交換樹脂 ………………………41
イオン濃度分析 ………………………77
一酸化二窒素 …………………………69
陰イオン ………………………………75
イングロースコア法 …………………58
雨水による溶脱 ………………………53
エアロゾル ……………………………10
塩化物イオン …………………………76
炎光光度計 ……………………………79
オーガー ………………………………34
オートアナライザー …………………77
オートサンプラー ……………………66

【か】

回転速度 …………………………62, 86
皆伐実験 ………………………………91
化学的風化 ……………………………3
化学分析 ………………………………74
火山礫 …………………………………48
ガス ……………………………………10
ガスクロマトグラフ法 ………………43
ガス代謝 ………………………………43

ガス放出フラックス…………44
仮説 …………………………5
河川水………………………3, 64
河川水質……………………64
河川水の採取………………65
河川流量……………………68
カチオン……………………75
河畔帯………………………69
ガラス繊維濾紙……………66, 80
カリウム……………………79
カリウムイオン……………76
カルシウム…………………79
カルシウムイオン…………76
環境保全機能 ……………2
還元状態……………………69
乾性沈着 ……………………7, 10
機器分析……………………74
クマイザサ…………………62
傾斜…………………………72
ケイ素………………………79
渓流水………………………64
ケヤマハンノキ……………27
原子吸光光度計……………79
現地培養……………………45, 46, 51
検土杖………………………40
孔隙…………………………38
鉱質土壌……………………32
降雪…………………………8, 16
根系…………………………56
コンパートメントモデル…84
根粒菌………………………28

【さ】

細根…………………………57
細根生産量…………………58
採土円筒……………………35
ササ…………………………23, 27, 48
里山…………………………50
酸性雨………………………4, 11

酸性雨中和能力……………61
酸性雨データベース………12
湿式分解……………………78
湿性沈着……………………7, 9
室内培養……………………45
シードトラップ……………23
蛇紋岩………………………48
集水域………………………1
集水面積……………………72
重量…………………………82
重力排水……………………38
樹冠…………………………17
樹幹流………………………3, 11, 15, 17
硝化…………………………45
硝化菌………………………45
硝酸イオン…………………76
硝酸態窒素…………………45, 50, 72
正味アンモニウム化速度…46
正味硝化速度………………46
正味窒素無機化速度………46
常緑針葉樹人工林…………61
常緑針葉樹林………………18
植生…………………………53
植物根………………………43
シリンダー法………………47
針広混交林…………………27
森林河川……………………64
森林伐採……………………4
水位…………………………68
水位計………………………68
水分計………………………42
スギ樹幹流…………………20
スギ人工林…………………50
ストローブマツ……………18
スノーサンプラー…………16
生態系サービス ……………2
生態系プロセスモデル……90
生物季節……………………16
全炭素………………………81

全窒素	78, 81
全有機態窒素アナライザー	80
全リン	78
相関関係	89
操作実験	91
総硝化速度	47
総窒素無機化速度	47
粗大有機物リター	26
粗腐植層	32

【た】

大気汚染	6, 12
大気沈着	3, 6, 12
堆積岩	48
体積比	83
滞留時間	86
ダケカンバ	61
脱窒	3, 69
単位	82
炭素／窒素（C/N）	28
地下水	3, 70
地下水位	70
窒素含有率	61
窒素酸化物	6
窒素収支	86
窒素沈着	18, 61
窒素負荷実験	91
窒素無機化	45
チャンバー法	44
中国	14, 18
長期生態学研究	4
長期生態学研究ネットワーク	88
地理情報システム	73
データベース	12, 87
データペーパー	89
データロガー	42, 66, 68
鉄	79
電気伝導度	75
テンシオメーター	43
テンションフリーライシメーター	38
テンションライシメーター	39
電磁流速計	68
銅	79
同位体希釈法	46
統計	89
凍結・融解サイクル	51
透水性	35
土壌	30
土壌攪乱	38
土壌構造	32, 35
土壌呼吸	3, 43
土壌浸透水	37
土壌水	37
土壌水分	42
土壌水分吸引圧	42
土壌層	32
土壌断面	32
土壌凍結・融解	64
土壌微生物	43
土壌溶液	37, 39
トドマツ	27, 61
共洗い	65
トレーサー	46
トレーサー実験	91

【な】

流れ分析装置	77
ナトリウム	79
ナトリウムイオン	76
生データ	88
二酸化炭素	43
ニッケル	80
日本長期生態学研究ネットワーク	27
根リター	21

【は】

バイオマス	55, 61
ハイポリック・ゾーン	70

バリード・バッグ法	47	メタン	43, 69
バルク沈着	7	メンブレンフィルター	66
ハンディー・ジオスライサー	34	毛管	39
反復	89	毛管水	43
ピートサンプラー	34	モル	82
非分散赤外線吸収法	43	モル等量	82

【や】

標準試料	78
標準物質	77
ビン培養	43
フィルターパック法	10
腐植	31
物質収支	84
物質循環	3
物質存在量	83
物質濃度	82
物質フロー	84
物質量	82
プラズマ質量分析計	79
プラズマ発光分析計	79
フラックス	84
フローインジェクション	77
プロセスモデル	90
プロペラ式流速計	68
分光光度計	77
ポーラスカップ	40

有意差	89
有機質層	32
有機態窒素	45
融雪期	48, 71
融雪出水	71
融雪水	17
陽イオン	75
容積密度	83
溶存金属成分	79
溶存窒素濃度	77
溶存無機炭素	80
溶存有機態窒素	79
溶存有機炭素	72, 79
溶存リン濃度	77
養分吸収	3, 53
養分吸収量	60

【ま】

毎木調査	55
マグネシウム	79
マグネシウムイオン	76
マンガン	79
未攪乱土壌	35
ミズナラ	18, 61
密度	35
ミニライゾトロン	62
ミニライゾトロン法	58
無機態窒素	45, 77
メタ解析	87
メタデータ	88

【ら】

ライシメーター	38
ライナー式採土器	36
落葉	21
落葉・落枝	31
落葉広葉樹林	18, 60
硫酸イオン	76
リター	21
リター層	32
リター脱落量	54
リタートラップ	22
リターバッグ	24
リターフォール	3, 21, 54
リター分解	3, 21, 24

流域 …………………………………… 1	林冠物質収支法 ……………………… 11
流域伐採実験 ………………………… 91	リン酸イオン ………………………… 76
粒子状物質 …………………………… 80	リン酸態リン ………………………… 77
粒子成分 ……………………………… 67	林内雨 ………………………… 3, 11, 15
流量 …………………………………… 68	林内雪 ………………………………… 16
量水堰 ………………………………… 68	レジンコア法 …………………… 47, 51
林外雨（雪）…………………………… 7	濾過 …………………………………… 66
林冠 …………………………………… 15	濾紙 …………………………………… 66

【著者紹介】

柴田 英昭（しばた ひであき）
1996年　北海道大学大学院農学研究科農芸化学専攻博士課程修了
現　在　北海道大学北方生物圏フィールド科学センター 教授
専　門　生物地球化学，土壌学，生態系生態学
主　著　「北海道の森林」（分担執筆）北海道新聞社（2011）

生態学フィールド調査法シリーズ 1
Handbook of Methods in Ecological Research 1

森林集水域の物質循環調査法
Methods of Biogeochemistry in Forest Catchment

2015 年 3 月 10 日　初版 1 刷発行

著　者　柴田英昭　Ⓒ 2015
発行者　南條光章
発行所　共立出版株式会社
〒112-0006
東京都文京区小日向 4-6-19
電話　（03）3947-2511（代表）
振替口座　00110-2-57035
URL　http://www.kyoritsu-pub.co.jp/

印　刷　精興社
製　本　ブロケード

検印廃止
NDC 450.13, 468, 653.17
ISBN 978-4-320-05749-4

一般社団法人
自然科学書協会
会員

Printed in Japan

JCOPY　<(社)出版者著作権管理機構委託出版物>
本書の無断複写は著作権法上での例外を除き禁じられています．複写される場合は，そのつど事前に，(社)出版者著作権管理機構（電話 03-3513-6969，FAX 03-3513-6979，e-mail: info@jcopy.or.jp）の許諾を得てください．

Encyclopedia of Ecology
生態学事典

編集：巌佐 庸・松本忠夫・菊沢喜八郎・日本生態学会

「生態学」は、多様な生物の生き方、関係のネットワークを理解するマクロ生命科学です。特に近年、関連分野を取り込んで大きく変ぼうを遂げました。またその一方で、地球環境の変化や生物多様性の消失によって人類の生存基盤が危ぶまれるなか、「生態学」の重要性は急速に増してきています。

そのような中、本書は日本生態学会が総力を挙げて編纂したものです。生態学会の内外に、命ある自然界のダイナミックな姿をご覧いただきたいと考えています。

『生態学事典』編者一同

7つの大課題

I. 基礎生態学
II. バイオーム・生態系・植生
III. 分類群・生活型
IV. 応用生態学
V. 研究手法
VI. 関連他分野
VII. 人名・教育・国際プロジェクト

のもと、298名の執筆者による678項目の詳細な解説を五十音順に掲載。生態科学・環境科学・生命科学・生物学教育・保全や修復・生物資源管理をはじめ、生物や環境に関わる広い分野の方々にとって必読必携の事典。

A5判・上製本・708頁
定価（本体13,500円＋税）

※価格は変更される場合がございます※

共立出版

http://www.kyoritsu-pub.co.jp/